Die San José-Schildlaus

(Aspidiotus perniciosus Comstock).

Denkschrift

herausgegeben vom

Kaiserlichen Gesundheitsamt.

Mit Abbildungen im Text und 2 Tafeln.

Zweiter Abdruck.

Springer-Verlag Berlin Heidelberg GmbH
1898

ISBN 978-3-662-33656-4   ISBN 978-3-662-34054-7 (eBook)
DOI 10.1007/978-3-662-34054-7

Additional material to this book can be downloaded from http://extras.springer.com

Vorwort.

Den Fachmännern war seit mehreren Jahren bekannt, daß die Obstanlagen im Westen und weiterhin auch in mehreren Theilen des Ostens von Nordamerika durch die gefürchtete San José-Schildlaus heimgesucht wurden. Das Interesse für dies Insekt war indeß zunächst nur ein wissenschaftliches, weil nicht bekannt war, daß dasselbe nach Europa verschleppt worden, man vielmehr hoffen durfte, es werde den einschneidenden, in Amerika selbst getroffenen Bekämpfungsmaßregeln gelingen, eine Verbreitung über den Ocean hinüber zu hindern. Diese Auffassung änderte sich, als Ende Januar 1898 in Hamburg, und weiterhin auch in Berlin an Birnen und Äpfeln amerikanischen Ursprungs das Insekt lebend, zum Theil sogar Mutterthiere mit lebenden Jungen gefunden wurden. Damit wurde nicht nur die Gefahr der Einschleppung unmittelbar bedrohlich, sondern es war auch die Wahrscheinlichkeit nahe gerückt, daß die San José-Schildlaus durch frühere amerikanische Importe bereits im Inlande Verbreitung gefunden habe, ohne bisher erkannt zu sein. Hand in Hand mit Abwehrmaßregeln gegen die amerikanische Pflanzen- und Obsteinfuhr wurden daher Erhebungen und Bekämpfungsmaßregeln für das Inland in Erwägung genommen. Zur Unterstützung derselben ist es von wesentlicher Bedeutung, die Kenntniß des Insekts, seiner Lebensverhältnisse, seiner Gefahren und seiner Bekämpfung möglichst schnell und weit in den betheiligten Kreisen zu verbreiten. Diesem Zweck soll die nachstehende Denkschrift dienen.

Es wäre nicht möglich gewesen, in so kurzer Zeit eine eingehende, mit authentischen Abbildungen versehene Darstellung zu liefern, wenn nicht in dankenswerthem Entgegenkommen hervorragende Fachmänner sich in die Arbeit getheilt und auf Grund eigener Forschungen über die San José-Schildlaus selbst und über verwandte Arten derartiger Schädlinge, ferner unter Benutzung der reichhaltigen amerikanischen Veröffentlichungen in kürzester Frist dies Schriftchen zusammengestellt hätten. Die Herren Professor Dr. Frank von der Landwirthschaftlichen Hochschule zu Berlin, Ökonomierath Goethe, Direktor der Kgl. Lehranstalt für Obst-, Wein- und Gartenbau zu Geisenheim, Dr. Krüger, Assistent des Professors Dr. Frank, und Regierungsrath Dr. Moritz, Mitglied des Kaiserl. Gesundheitsamtes zu Berlin, haben sich das Verdienst erworben, in gemeinsamer Arbeit die Denkschrift zu verfassen.

Berlin, im Februar 1898.

I. Beschreibung und Entwickelungsgeschichte der San José-Schildlaus
(Aspidiotus perniciosus Comst.).

Die Schildläuse, Coccidae, gehören zu der Ordnung der Schnabelkerfe, Rhynchota.

Die Männchen sind meist in Folge Verkümmerung der Hinterflügel zweiflügelige Thiere, ausgezeichnet durch drei Hauptabschnitte des Körpers, borstige oder schnurförmige Fühler, einfache Augen, einen verkümmerten Schnabel, entwickelte Beine und ein lang hervorragendes Geschlechtswerkzeug. Sie finden sich viel seltener als die Weibchen, sind im Allgemeinen sehr kurzlebig und von vielen Arten überhaupt noch unbekannt.

Von den Weibchen dieser Thiere rührt der Name „Schildläuse" her, denn sie bedecken ihren Körper mit einer schildförmigen Hautausschwitzung oder bilden einen Schild durch Wucherung der Rückenhaut. Diese Schildausbildung beginnt bereits, wenn die Thiere sich noch im Larvenstadium befinden, und mit ihr hat das Bewegungsvermögen derselben ihr Ende erreicht. Nur in den jüngsten Entwickelungsstadien haben die Larven Fühler und Beine mit Krallen; bald verschwinden diese mehr und mehr, während die Thiere sich an einer Stelle der Pflanze festsaugen. Charakteristisch für alle Schildlausarten ist der aus mehreren Einzelborsten zusammengesetzte lange Saugrüssel, welchen sie tief in den befallenen Pflanzentheil hineinbohren können. Die Fortpflanzung geschieht meist durch Eier, bei der San José-Schildlaus aber durch lebendig geborene Junge. Die Cocciden zerfallen in eine Anzahl von Gattungen. Die Schilde der wichtigsten sind von Cockerell[1]) kurz in folgender Weise charakterisiert:

Bei Lecanium ist der Schild von dem Thiere nicht trennbar. Bei Diaspis und Aspidiotus ähneln die Schilde der Weibchen einer Austernschale; sie sind rund oder fast rund; der Schild, unter

---

[1]) The San Jose Scale and its nearest allies, Techn. Ser. No. 6. U. S. Dep. of Agr. Div. of Entomology 1897.

dem sich das Männchen entwickelt, ist bei Diaspis mehr lineal, während er bei Aspidiotus mehr rundlich-ovale Form hat.

Für Chionaspis und Mytilaspis sind birnen- bis kommaförmige Schilde charakteristisch.

Die Gattung Aspidiotus, zu der die San José-Schildlaus gehört, umfaßt eine ganze Reihe von Arten, zu deren Unterscheidung ein gutes Mikroskop mit mindestens dreihundertfacher Vergrößerung erforderlich ist. Ferner gehört dazu ein in wissenschaftlichen Untersuchungen geübtes Auge, denn die Unterschiede der einzelnen Arten beruhen auf mikroskopisch kleinen Verschiedenheiten in der Behaarung und der Ausbildung des letzten Abschnitts vom weiblichen Hinterleib. Dazu kommt, daß die einzelnen Thiere außerordentlich veränderlich sind.

Alle Aspidiotus-Arten befallen als echte Parasiten lebende Pflanzen. Der gefährlichste von ihnen ist Aspidiotus perniciosus, die San José-Schildlaus, die s. Zt. von dem amerikanischen Gelehrten Comstock zuerst beschrieben ist. Er charakterisiert das erwachsene weibliche Thier, wie folgt[1]):

„Der Körper des Weibchens ist gelblich und fast kreisrund im Umriß; die Leibesringelung ist deutlich sichtbar, obwohl nicht gerade hervortretend. Der letzte Körperabschnitt zeigt folgende Merkmale:"

---

[1]) Howard and Marlatt, The San Jose Scale. Bulletin No. 3. New Series U. S. Dep. of Agr. Div. of Entomology 1896.

Die Beschreibung von Comstock lautet wörtlich:

The body of the female is yellowish and almost circular in outline; the segmentation is distinct, though not conspicuous. The last segment presents the following characters:

There are only two pairs of lobes visible; the first pair converge a tip, are notched about midway their length on the lateral margin, and often bear a slight notch on the mesal margin near the tip. The second pair are notched once on the lateral margin.

The margin of the ventral surface of the segment is deeply incised twice on each side of the meson; once between the bases of the first and second lobes and again laterad of the second lobe. On each side of each of these incisions is a club-shaped thickening of the body wall.

There are two inconspicuous simple plates between the median lobes, and on each side similar plates extending caudad of the first incision, three small plates serrate on their lateral margin caudad of the second incision, and the club-shaped thickenings of the body wall bounding it, and three wide prolongations of the margin between the third and fourths spines. These prolongations are usually fringed on their distal margins. There are also, in some, irregular prolongations of the margin, between the fourth spine and the penultimate segment.

The first and second spines are situated laterad of the first and second lobes, respectively; the third spine laterad of second incision; and the fourth spine about one-half the distance from the first lobe to the

„Es sind nur zwei Paar Lappen sichtbar; das erste Paar läuft zu einer Spitze zusammen, ist etwa in der Mitte seiner Länge am seitlichen Rande gekerbt und trägt oft einen schwachen Einschnitt am Mittelrande nahe der Spitze. Das zweite Paar ist am seitlichen Rande einmal gekerbt".

„Der Rand der Bauchfläche dieses Abschnitts ist zweimal auf jeder Seite von der Mitte an gerechnet tief eingeschnitten; einmal zwischen den unteren Theilen der ersten und zweiten Lappen und ferner seitlich des zweiten Lappens. Auf jeder Seite jedes dieser Einschnitte zeigt sich eine keulenförmige (club shaped) Verdickung der Körperwand."

„Es sind zwei unmerkliche einfache Platten[1]) (plates) zwischen den mittleren Lappen vorhanden und auf jeder Seite erstrecken sich ähnliche Platten vom ersten Einschnitt nach dem Schwanze hin; drei kleine an ihrem seitlichen Rande gezähnte (serate) Platten erstrecken sich vom zweiten Einschnitt schwanzwärts; die keulenförmigen Verdickungen der Körperwand begrenzen den letzteren; endlich sind drei große Körperfortsätze (prolongations) am Rande zwischen dem dritten und vierten Dorn. Diese Körperfortsätze sind gewöhnlich an ihren äußeren Rändern gefranst (fringed). Es sind auch bisweilen unregelmäßige Fortsätze des Randes zwischen dem vierten Dorn und dem vorletzten Abschnitt vorhanden."

„Der erste und zweite Dorn sind seitlich des ersten und zweiten Lappens gelegen; der dritte Dorn liegt seitlich des zweiten Einschnitts und der vierte Dorn etwa in der halben Entfernung vom ersten Lappen bis zum vorletzten Körperabschnitt".

Über die Entwickelungsgeschichte der San José-Laus berichten Howard und Marlatt folgendes:

Von den jungen Thieren sind beide Geschlechter im ersten Stadium einander gleich, und zwar sind die jungen Larven etwa 0,24 mm lang und 0,1 mm breit, blaß orange; sie haben fünfgliederige Fühler und eine kräftig entwickelte Saugborste. Die Augen sind hellpurpurn. Die Larven kriechen nur kurze Zeit umher und setzen sich fest, sobald sie eine passende Stelle gefunden haben. Unterdessen hat die Entwickelung des Schildes bereits begonnen, indem zahlreiche weiße Wachsfäden aus dem Körper hervortreten und schnell an Dichtigkeit zunehmen. Sie verschmelzen mit einander, und bald ist das ganze Thier von einem helleren, später bis auf den centralen, mittleren Theil dunkler werdenden Schild bedeckt.

Nach der ersten Häutung tritt eine Differenzirung der Geschlechter ein, und zwar sind die mit kräftigem Saugrüssel versehenen

---

[1]) Flache, mehr oder weniger gezähnte Borsten. D. Ref.

Weibchen kleiner als die Männchen. Bei beiden sind Beine und Fühler verschwunden. Die Weibchen sind augenlos, kreisrund, gelb, während die Männchen mehr birnenförmige Gestalt bekommen und im Gegensatz zu den Weibchen purpurne Augen haben (Abb. 1).

Die zweite Häutung erfolgt beim Männchen am achtzehnten Tage; es entsteht zunächst die Vorpuppe (Propupa) (Abb. 2), dann am zwanzigsten Tage die eigentliche Puppe. Beide sind blaßgelb, haben purpurfarbige Augen und zeigen wieder kräftig entwickelte Beine und Fühler. Die Fühler sind dick und bei der Vorpuppe dem Körper bis zum ersten Beinpaar, wo sie sich leicht einwärts biegen, eng anliegend, während sie bei der eigentlichen Puppe frei an beiden Enden des Körpers ruhen und sich bis zum zweiten Beinpaar erstrecken. Bei letzterer reicht das erste Beinpaar bis zu den Augen; auch die Flügelanfänge sind erschienen. Bei der Vorpuppe ist das Endsegment noch breit, flach und trägt zwei kurze Dornen, während bei der eigentlichen Puppe bereits das kräftige, konische, 0,15 mm lange Geschlechtswerkzeug erschienen ist (Abb. 3). Am 24.—26. Tage nach der Geburt schlüpfen die ausgewachsenen Männchen aus und haben nun eine Länge von 0,6 mm. Sie sind fliegenartig, orange, mit dunklerem Kopf. Fühler, Beine und das 0,25 mm lange Geschlechtswerkzeug sind rauchgrau; die Flügel sind gelbgrün, irisirend. Die Fühler sind sehr kräftig entwickelt, behaart und fast so lang als das Thier selbst. Sie setzen sich aus zehn Gliedern zusammen, von denen das zweite beinahe kugelig und sehr kurz, das vierte und fünfte Glied am längsten ist; das zehnte Glied ist das kürzeste und hat etwas konische Gestalt. Der Brustschild ist oval und mit schmalem braunem Querband versehen (Abb. 4).

Die zweite Häutung des Weibchens findet etwas später als beim Männchen statt, nämlich am zwanzigsten Tage. Die weiblichen Thiere haben nach derselben fast kreisrunde Gestalt von etwa 0,56 mm (Abb. 5) Durchmesser und sind durch einen bis zu 2 mm langen, gespaltenen Saugrüssel ausgezeichnet. Der letzte Körperabschnitt ähnelt hier schon sehr dem des ausgewachsenen Weibchens. Der die Thiere in diesem Stadium deckende Schild ist purpur-grau.

Die weiblichen San José-Schildläuse sind am dreißigsten Tage nach der Geburt ausgewachsen und können nach 3—7 Tagen wieder Junge erzeugen. Der eigentliche Körper wird durch den durchschnittlich 1,4 mm großen, kreisrunden Schild von grauer Farbe mit blaßröthlich-gelbem, etwas erhöhtem centralem Theile verdeckt. Die Lebensdauer eines Thieres währt etwa 6 Wochen; während der letzten Periode derselben bringt es täglich lebende Junge zur Welt, und zwar so reichlich, daß von einem einzigen Weibchen im Laufe eines Sommers 3000 Millionen Junge entstammen können.

— 9 —

Die ausgewachsenen Thiere sind ursprünglich oval, etwa 1 mm lang und 0,8 mm breit, verlieren jedoch in späteren Stadien häufig ihre ursprüngliche Gestalt.

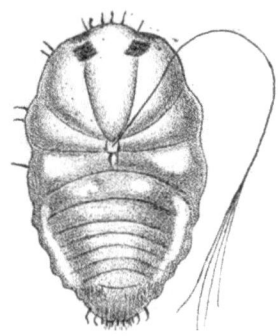

Abb. 1.
Männchen der San José=Schildlaus nach der ersten Häutung. Stark vergrößert.

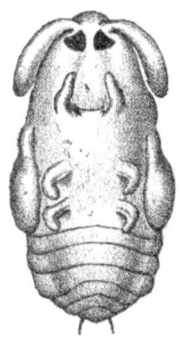

Abb. 2.
Vorpuppe des Männchens der San José=Schildlaus.

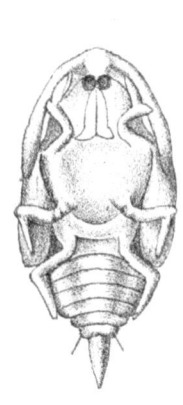

Abb. 3.
Puppe des Männchens der San José=Schildlaus. Stark vergrößert.

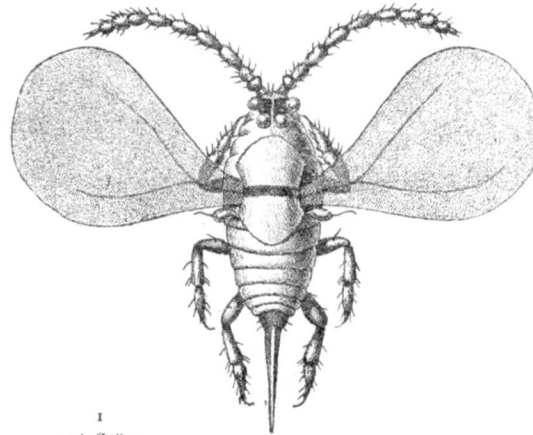

Abb. 4.
Geflügeltes Männchen der San José=Schildlaus. Stark vergrößert.

Besonders charakteristisch an ihnen ist der letzte Abschnitt des Hinterleibs, von dem die Comstock'sche Originalbeschreibung bereits S. 6 angegeben ist. An ihm sind folgende Theile von Wichtigkeit, weil die verschiedenen nahe verwandten Aspidiotus-Arten sich durch sie unterscheiden (vergl. Taf. I Abb. A):

1. Zwei Paare Lappen. Von diesen sind die mittelsten die größten; sie nähern sich an der Spitze, sind auf der dem seitlichen Lappen zugekehrten Seite gekerbt und tragen oft auch an der Spitze, nach der Mitte zu, eine leichte Kerbe. Das zweite Lappenpaar wird auf der dem ersten Lappen zugekehrten, sowie auf der entgegengesetzten Seite durch einen deutlichen Einschnitt begrenzt, indessen ist der Raum zwischen dem ersten und zweiten Lappenpaar ein nur geringer. Auf der vom ersten Paar abgewandten Seite befindet sich eine charakteristische Einkerbung.

2. Auf jeder Seite des Körpers schließen an den hinteren Lappen und von diesem durch charakteristische Haarbildungen getrennt, je drei „Körperfortsätze" an. Sie sind zwar stets bei Aspidiotus perniciosus vorhanden, sind indessen sehr verschieden, indem sie bald größer, bald weniger stark entwickelt sind. Vielfach sind nach unseren Beobachtungen an einem und demselben Thiere die beiden Seiten verschieden entwickelt, sowohl hinsichtlich der Größe dieser Fortsätze, wie auch ihrer Anzahl, denn oft sind auf der einen Seite nur zwei ausgebildet, während sich an Stelle des dritten nur ein gegabelter Haaransatz findet. Seltener ist der Fall, daß zwei solche Fortsätze auf derselben Seite durch solche Haarbildungen ersetzt sind.

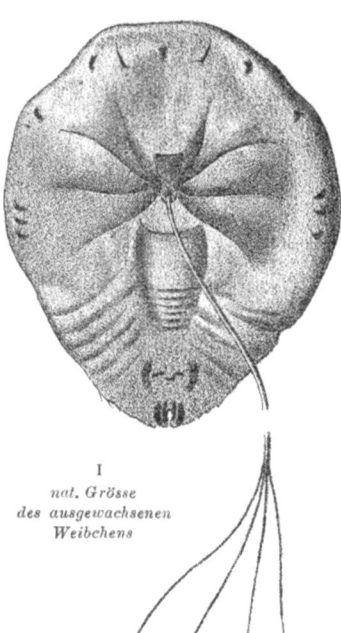

I
nat. Grösse
des ausgewachsenen
Weibchens

Abb. 5.
Weibchen der San José=Schildlaus nach der zweiten Häutung. Stark vergrößert. Der sehr lange Saugrüssel ist nur in seinem Anfange und in seinem Ende wiedergegeben. An Präparaten des Insektes ist meist nur ein kurzes Stück des Rüssels zu sehen, da derselbe beim Abheben des Thieres abzubrechen pflegt.

Die Fortsätze sind an ihrem Endrande gefranst, und zwar meist mit zwei kleinen Härchen; sind die Fortsätze sehr kräftig entwickelt, so finden sich auch drei, vielleicht noch mehr Härchen, von denen das eine oft umgebogen ist.

3. Ganz schwach gezähnte Haarbildungen, von den Amerikanern

„plates" (Platten) genannt. Sie sind für die Entscheidung der Frage, ob es sich um Aspidiotus perniciosus oder eine verwandte Aspidiotus-Art handelt, mit von größter Wichtigkeit; um sie genau zu erkennen, ist mindestens eine dreihundertfache Vergrößerung nöthig.

Zwei solche „Platten" befinden sich zwischen dem mittleren Lappenpaar und auf jeder Seite derselben, also zwischen ihnen und dem zweiten Lappen, ferner stehen drei an dem zweiten Körpereinschnitt, also zwischen dem zweiten Lappen und den unter 2 genannten drei Körperfortsätzen. Alle diese Platten sind schwanzwärts gerichtet.

4. Dornen. Der erste Dorn befindet sich auf dem ersten, der zweite auf dem zweiten Lappen. Die Dornen des ersten Paares sind oft undeutlich und werden vielfach durch die benachbarten, unter 3 genannten Platten verdeckt, während die auf dem zweiten Lappenpaar befindlichen sehr deutlich und typisch entwickelt sind. Der dritte Dorn befindet sich vor, der vierte hinter den zu 2 aufgeführten Körperfortsätzen.

Wenn letztere sehr stark entwickelt sind, so finden sich — oft ebenfalls nur an der einen Seite des Thieres — außer dem dritten Dorn noch Andeutungen von ein oder zwei weiteren Körperfortsätzen, die jedoch auch nur mit stärkeren Vergrößerungen sichtbar sind.

Charakteristisch sind nach Cockerell[1]) ferner auch die an den Einschnittsstellen des Körpers liegenden Chitinvorsprünge, speziell diejenigen an der Grenze des ersten und zweiten Lappens. Sie treten namentlich gut nach kurzem Kochen des Objektes in Kalilauge hervor und sind leicht an ihrer dunkelgelben Farbe erkenntlich, sowie an der Lichtbrechung. Ihre Gestalt erinnert etwas an einen Schinken. Bei Aspidiotus perniciosus sind diese Chitinvorsprünge, angeblich im Gegensatz zu ähnlichen Aspidiotus-Arten, fast gleich groß. Sie liegen sehr nahe aneinander.

Auch die kreisrunden Bauchdrüsengruppen sind neben den ovalen Rückendrüsen für die Erkennung von Wichtigkeit. Nach dem eben genannten Autor unterscheidet sich Aspidiotus perniciosus von einer Reihe verwandter amerikanischer Aspidiotus-Arten durch das Fehlen solcher runden Bauchdrüsen. Indessen sollen diese Drüsen auch bei den verwandten Aspidiotus-Arten nicht vorhanden sein, wenn die betreffenden Thiere noch nicht erwachsen sind.

---

[1]) a. a. O.

II. Charakteristik der nächsten Verwandten und Unterschiede derselben von der San José-Schildlaus
(Aspidiotus perniciosus).

Die San José-Schildlaus gehört, wie aus den S. 6 gemachten Ausführungen hervorgeht und auch von den amerikanischen Forschern vielfach betont wird, zu denjenigen Aspidiotus-Arten, die außerordentlich veränderlich in den Formen sind. Es ist dies in der Skizze A auf Tafel I dadurch angedeutet, daß beide Hälften des Hinterleibs verschieden gezeichnet sind, wozu eine Berechtigung um so mehr vorlag, als beide Körperhälften desselben Thieres oft ungleich ausgebildet sind.

Immerhin giebt es aber doch eine ganze Reihe von Momenten (Form und Zahl der Lappen, die Körperfortsätze, Zahl, Form und Stellungsverhältnisse der Platten und Dornen), die recht typisch sind und die den mit mikroskopischen Untersuchungen vertrauten Beobachter wohl nie in Zweifel lassen werden, ob er es mit der echten San José-Schildlaus, oder einer verwandten zu thun hat.

Die amerikanischen Forscher zweigen von dem eigentlichen Aspidiotus perniciosus eine ganze Reihe theilweise jedenfalls sehr nahe verwandter Thiere als selbstständige Arten ab[1]), von denen sich indessen manche bei genauerer Untersuchung vermuthlich nur als Abarten von der Stammform erweisen dürften. Leider sind Beschreibung und Abbildung besonders diejenigen von Cockerell, vielfach so mangelhaft, unzuverlässig und voller Widersprüche, daß man auf sie hin die dort unterschiedenen Arten nicht ohne Weiteres als solche anerkennen kann, weshab von einer Wiedergabe derselben an dieser Stelle abzusehen ist.

Zu den nächsten Verwandten der San José-Schildlaus, vermuthlich nur eine Varietät derselben, gehört der auf Tafel I Abb. B wiedergegebene Typus, der indessen vorläufig nach der Beschreibung von Comstock, sowie auch nach den Abbildungen von Howard und

---
[1]) Cockerell a. a. O.

Marlatt nicht mit dem eigentlichen Aspidiotus perniciosus gleich zu erachten ist. Derartige Thiere finden sich vielfach auf kalifornischen Äpfeln, meist mit dem echten Aspidiotus perniciosus zusammen. Ihr Schild ähnelt demjenigen der jungen San José-Läuse. Die Thiere selbst unterscheiden sich von den erwachsenen San José-Läusen durch die abweichende Form der beiden Lappenpaare, durch das Auseinandergehen der beiden Mittellappen und ferner durch die äußerst geringe Fransung der drei an der Grenze des zweiten Lappens zwischen diesen und den drei Körperfortsätzen stehenden Platten, die freilich auch bei dem typischen Aspidiotus perniciosus oft nur gering ist. Die Chitinvorsprünge sind hier ebenfalls etwas anders, als bei der San José-Laus. —

Alle diejenigen Formen aus der großen Reihe der auf Obstbäumen und Früchten vorkommenden Schildläuse, die theils mehr, theils weniger Ähnlichkeit mit Aspidiotus perniciosus haben, hier aufzuführen, ist nicht angängig. Es sollen in Nachfolgendem nur einige solche Formen näher besprochen werden, welche denjenigen, die sich mit der Untersuchung von Obst bez. Obstbäumen auf Aspidiotus perniciosus praktisch beschäftigen, aufstoßen dürften, und welche hinsichtlich ihrer Form, ihrer Größe und Farbe der San José-Schildlaus besonders ähnlich sind. Dabei mag ausdrücklich bemerkt sein, daß sich die Zahl dieser zweifellos bald beträchtlich erhöhen dürfte.

Hierher gehört zunächst eine in diesem Jahre auf tyroler Äpfeln oft in nicht unerheblichen Mengen beobachtete, jedoch sie anscheinend nicht schädigende Schildlaus. Sie lebt unter einem runden, flach anliegenden dunkelgrauen Schild mit einer Erhebung in der Mitte. Der Durchmesser desselben beträgt $1-1^1/_2$ mm. Von Aspidiotus perniciosus unterscheidet sich die Laus selbst durch die Form des ersten Lappenpaares (vergl. Tafel I. Abb. D.), den verhältnißmäßig beträchtlichen Abstand des ersten und zweiten Lappens von einander, sowie ferner dadurch, daß an Stelle der drei Platten in der Nähe des zweiten Körpereinschnitts nur zwei Platten und ferner, daß auch nur zwei Körperfortsätze zwischen ihnen und dem vierten Dorn vorhanden sind.

Ähnlich ist der San José-Laus ferner eine ebenfalls auf amerikanischen Äpfeln oft beobachtete Schildlaus, deren Hinterleibssegment in Abb. E (Tafel I) wiedergegeben ist. Auch ihr Schild gleicht demjenigen von Aspidiotus perniciosus. Der letzte Körperabschnitt dieses Thieres ist indessen auch hier wieder wesentlich von demjenigen des Aspidiotus perniciosus verschieden. Bei ihm ist das zweite Lappenpaar niedriger, überhaupt anders gestaltet, als bei der echten San José-Laus. Die Zwischenräume zwischen dem ersten und zweiten Lappenpaar find verhältnißmäßig groß, und die hier stehenden Platten treten deutlich hervor. Am zweiten Lappenpaar befinden sich auch hier nur zwei Platten. Die Körperfortsätze dieser Art unterscheiden sich von denjenigen der vorhergehenden Thiere, sowie von Aspidiotus perniciosus dadurch, daß ihre Wurzel nicht vom Körper abgegrenzt ist, und daß die einzelnen Stacheln, in die bei den vorhergehenden die Körperfortsätze enden, hier ohne gemeinsame Wurzel als gesonderte Anhänge der Körperwand aufsitzen. Die Dornen sind bei dieser Form kräftiger entwickelt als bei Aspidiotus perniciosus.

Von den sonst auf amerikanischen Äpfeln in dem letzten Jahre beobachteten Schildläusen seien, weil sie sich häufig finden, ferner noch folgende beiden erwähnt:

Speziell auf kalifornischen Äpfeln und Birnen trifft man oft eine dem Aspidiotus perniciosus in Form und Farbe sehr ähnliche Schildlaus, die sich von ihr jedoch dadurch unterscheidet, daß sie selbst etwas größer, ihr Schild 1½ mal so groß und heller ist, wie derjenige der San José-Schildlaus; letzterer ist auch stark gewölbt. Am Hinterleibe fällt bei mikroskopischer Betrachtung sofort die starke Ausbildung der gegabelten Haare (vergl. Tafel I. Abb. F.) auf, sowie auch die abweichend geformten, mit charakteristischen Spitzen versehenen zweiten Lappen.

Ferner Chionaspis furfureus. Dies Thier dürfte sich jedoch durch den langgestreckten Körper, der sich am Kopfende verschmälert, durch die deutliche Gliederung desselben, durch die bis auf den gelblichen Hinterleib rothbraune Farbe, durch die ebenso gefärbten Eier, welche sich meist mit unter dem langgestreckten an der einen Seite verschmälerten Schild befinden, so sehr von Aspidiotus perniciosus unterscheiden, daß es zu Verwechselungen kaum Anlaß giebt. Dasselbe gilt von allen übrigen, theilweise auch in Deutschland heimischen, lang gestreckten Formen.

Ein der San José-Schildlaus sehr ähnliches Insekt, dessen wissenschaftlicher Name Aspidiotus ostreaeformis Curt. ist, und die man verdeutscht „austernförmige Schildlaus" nennen kann, lebt in Frankreich und neuerdings in Deutschland auf den Birnbäumen (seltener auf Zwetschen- und Pflaumenbäumen) und richtet vielen Schaden an. Es ist deshalb etwas ausführlicher über sie zu berichten.

Man bemerkt die sehr kleinen mattgrauen oder schwärzlichen ganz flachen Schilde beim ersten Auftreten kaum wegen der anfänglich geringen Zahl und Größe und wegen der Färbung, die sich von derjenigen der Rinde wenig unterscheidet. Infolge der starken Vermehrung nimmt indes die Zahl der Schilde immer mehr zu,

— 15 —

und wenn auch anfänglich die Rindenverletzungen, welche durch die Stiche der unter den Schilden sitzenden Läuse verursacht werden, nicht von Belang sind, so macht sich doch eine schädliche Wirkung bemerklich, wenn einmal die Schilde in Kolonien dicht nebeneinander sitzen und sich unter den abgestorbenen Mutterthieren schon wieder neue Generationen angesiedelt haben. Die äußere Rinde verliert unter der schädlichen Einwirkung zahlreicher Stiche bezw. Saugstellen ihre Dehnungsfähigkeit und wird hart und spröde, wobei sie nach und nach aufspringt und Risse bekommt. Abb. 6, 7 und 8

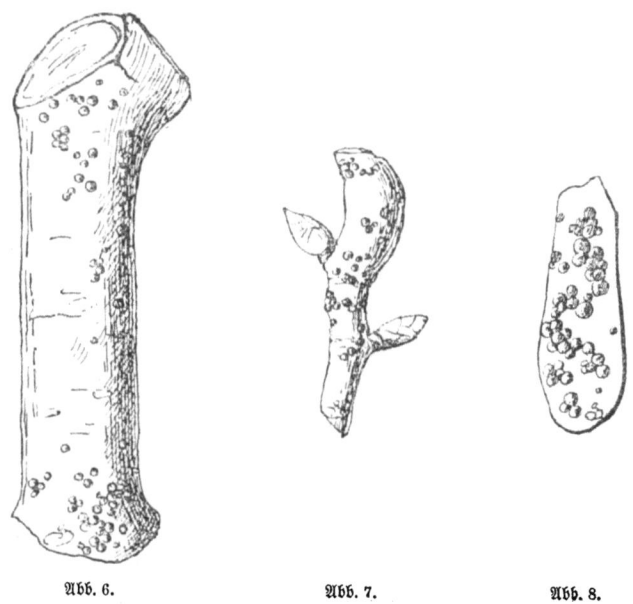

Abb. 6. Abb. 7. Abb. 8.

stellen Ansiedelungen von Aspidiotus ostreaeformis auf Birnbäumen in den ersten Stadien dar, Abb. 8 etwas vergrößert; Abb. 9 zeigt das Aststück eines Birnbaumes mit sehr starken Ansiedelungen von Läusen und der schon theilweise aufgesprungenen und im Absterben begriffenen Rinde. In Abb. 10 sieht man an dem Stammstücke eines Birnbaumes eine andere Form des durch die Schildlaus verursachten Schadens; die Insekten hatten sich nur um die ursprünglichen Knospen herum angesiedelt und vermehrt und die Dickenzunahme dieser Stellen durch fortwährendes Aussaugen verhindert, so daß förmliche Vertiefungen entstanden sind, während die von den Läusen verschont gebliebenen Rindenpartien zwischen den alten Knospen sich ungleich verdickt und beulige Anschwellungen gebildet haben, was den Stamm ganz unregelmäßig macht. Noch viel drastischer tritt diese Art von Verkümmerung in der Abb. 11 hervor, die ein Stückchen eines dreijährigen, vollständig verkrüppelten Birnen= zweiges darstellt; in jeder Vertiefung und an der Basis der Ästchen und in deren Rindenringen sitzen zahlreiche Schildläuse unter den weißlichen Überresten bereits abgestorbener Generationen.

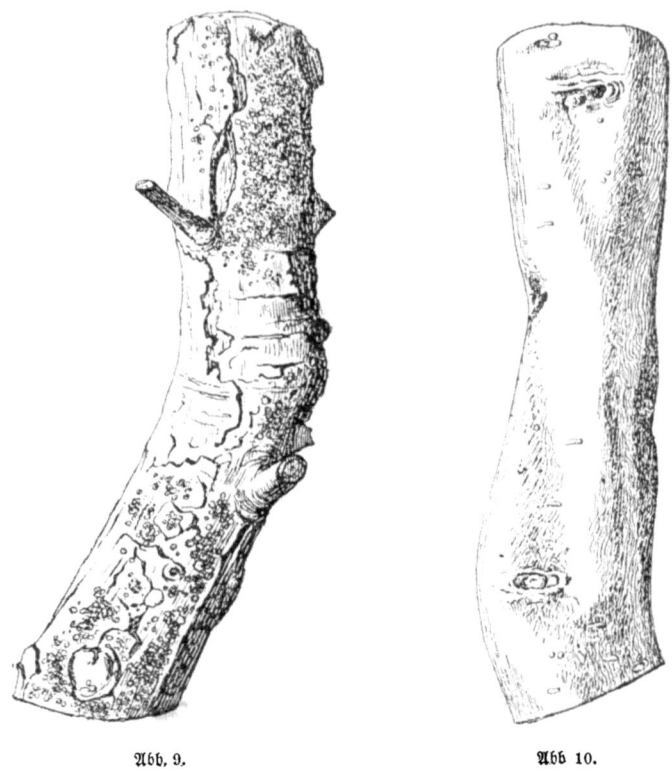

Abb. 9.   Abb 10.

An Apfelbäumen scheint diese Schildlaus nur verhältnißmäßig selten aufzutreten und bewirkt hier, wie Abb. 12 zeigt, scharf vor= springende leistenartige Anschwellungen, Vertiefungen und Wülste, die an Blutlaus=Beschädigungen erinnern.

Untersucht man die von den Schildläusen befallenen Zweige und Äste zu Anfang April, so findet man unter den Schilden dreierlei Formen, und zwar zuerst in der Mehrzahl junge weißgelbe Weibchen mit honiggelbem behaartem After (Abb. 13 bei a und b).

Während diese von runden Schilden bedeckt sind, bemerkt man unter ovalen Schilden in geringerer Anzahl weißgelbe Nymphen oder Puppen (Abb. 14), aus denen die geflügelten Männchen (Abb. 15) entstehen. Dieselben sind honiggelb und haben zwei seitlich stehende

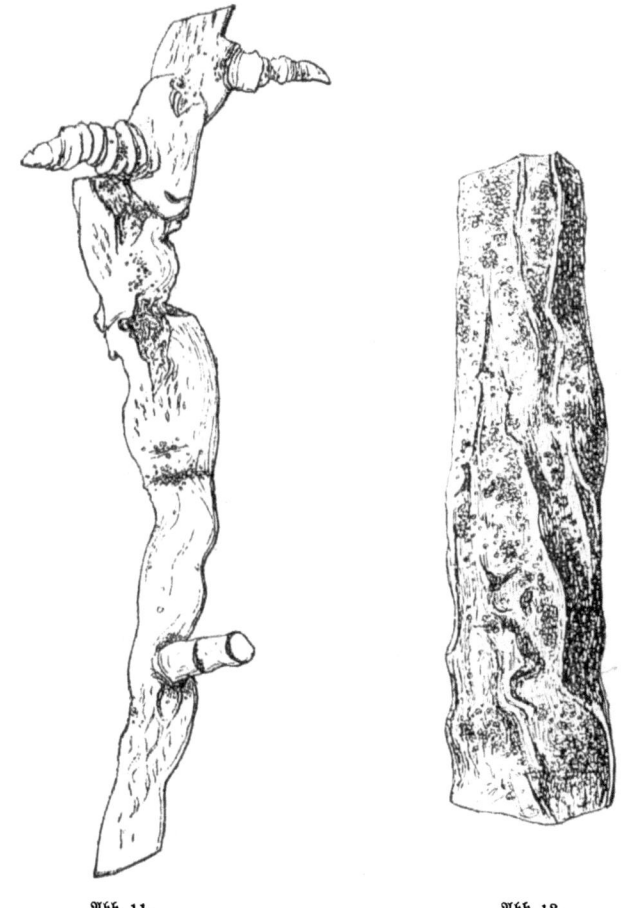

Abb. 11.   Abb 12.

und zwei auf der Unterseite des Kopfes befindliche schwarzrothe Augen.

Weiterhin werden die inzwischen begatteten Weibchen bedeutend größer und erreichen einen Durchmesser von 1,3—1,5 mm; sie lassen im Innern Eier erkennen (Abb. 13 c). Die Eiablage scheint Mitte

Juni zu beginnen. Die Eier, deren etwa 30—40 gelegt werden dürften, haben eine hellweingelbe Farbe und sind körnig weiß bereift; sie hängen beim Austritte kettenförmig mit den Enden zusammen (Abb. 16). Wenige Tage nach der Ablage kriechen die

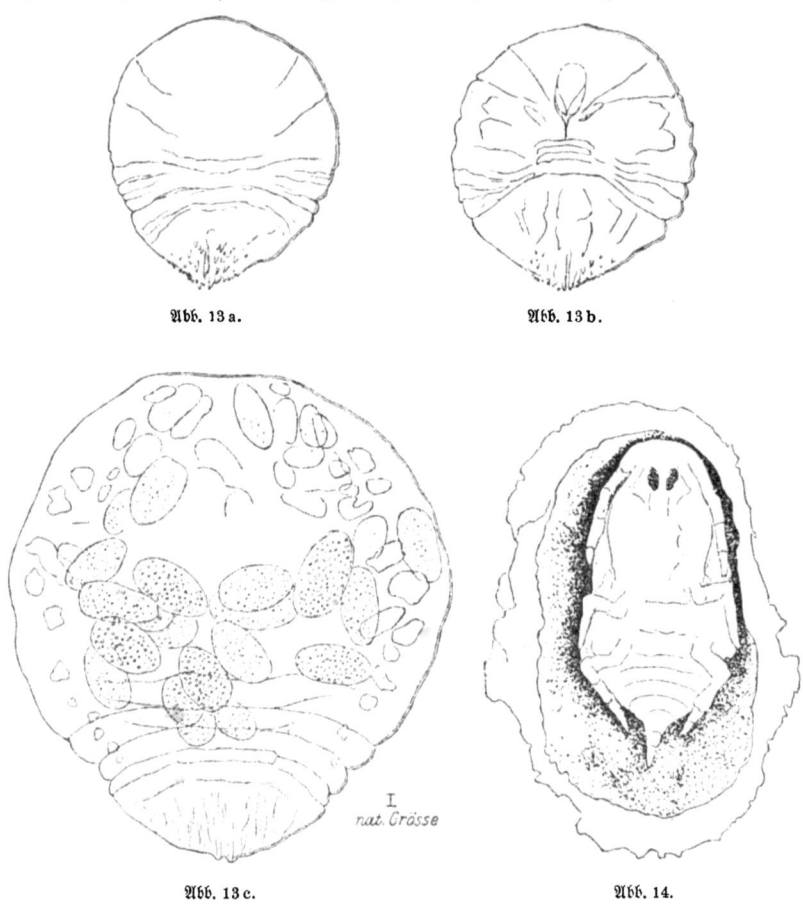

Abb. 13 a. Abb. 13 b.

Abb. 13 c. Abb. 14.

jungen Larven aus (Abb. 16 a, b, und c) und suchen sich sogleich eine Stelle, an der sie den Saugrüssel in die Rinde einbohren. Diese Ansiedelung findet meistens in der unmittelbaren Nähe der Mutter oder auch unter dem Schilde derselben statt, so daß unter den alten Schilden immer wieder neue jüngere entstehen. Da, wo zahlreiche Schilde dicht nebeneinander- und theilweise übereinanderstehen, so daß sie sich gegenseitig beengen und eine unregelmäßige, an Austern erinnernde Gestalt annehmen, verschmelzen die Ränder dergestalt, daß man zusammenhängende Grinde (Abb. 17a) abheben kann. Abb. 18 stellt einen solchen vergrößert (a) von oben gesehen und (b) ebenfalls vergrößert von unten dar. Die Larven wandern aber auch zum Theil an die Zweige und siedeln sich sogar vereinzelt

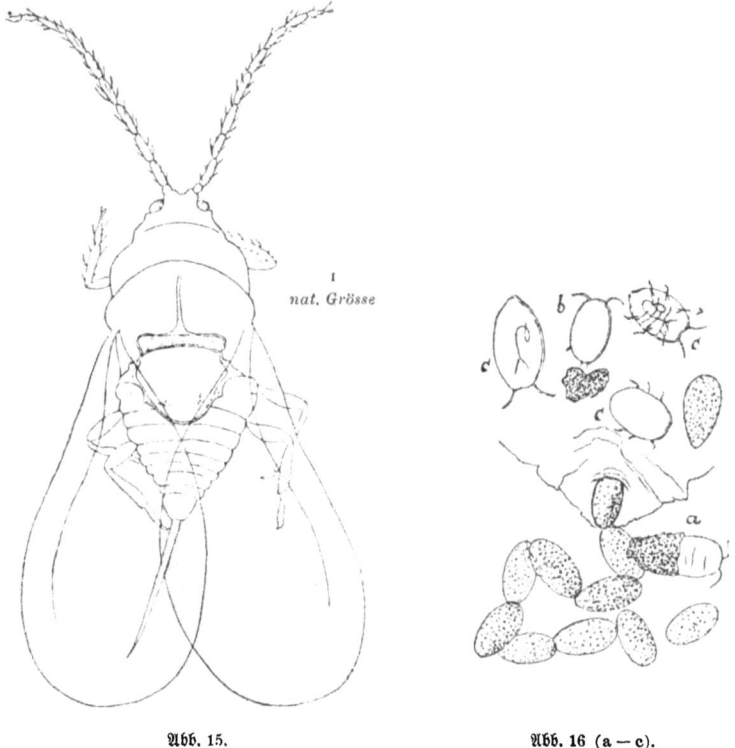

Abb. 15. Abb. 16 (a — c).

an den untersten Partien der in demselben Sommer entstandenen Triebe an, wobei offenbar die Knospen-Kissen bevorzugt werden.

Die jungen Schildläuse werden bald etwas größer (Abb. 19) und bekommen einen Ueberzug von wolligem Flaum, der ihnen das Ansehen von weißen Halbkügelchen giebt. Man sieht deren noch lange Zeit immer wieder von neuem entstehen, da die Eiablage sehr lange Zeit hindurch andauert, so daß nach Mitte September kaum ausgekrochene Larven und sogar noch einzelne Eier gefunden wurden. Dies erklärt sich dadurch, daß die im Vorjahre zuletzt ausgeschlüpften

Larven im Jahre darauf auch um so später zur Eiablage kommen; auch scheint dieser Vorgang an und für sich sehr lange Zeit in Anspruch zu nehmen. Männchen wurden indeß vom Juni an nicht mehr aufgefunden.

Der wollige Überzug der jungen Larven verwandelt sich nach einiger Zeit in einen schwarzgrünen Schild mit fast immer seitlich stehendem gelblichem Mittelpunkte, der von einigen dunkleren Ringen

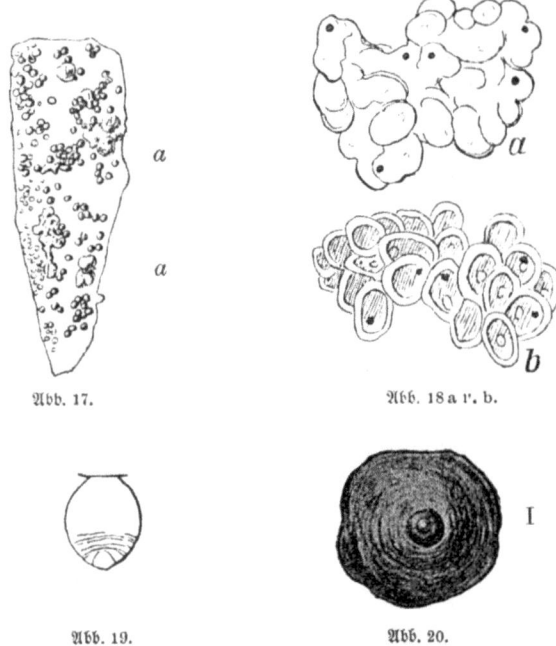

Abb. 17.   Abb. 18 a r. b.

Abb. 19.   Abb. 20.

umgeben ist. Mit dem Wachsthum der Laus vergrößert sich auch der Schild, ringsum einen neuen Ring bildend.

Ende Mai erscheinen oft Schlupfwespen, welche in weitgehendem Maße zur Verminderung der Schildlaus beitragen; auf manchen Zweigen sind mehr als die Hälfte der vorhandenen Schilde von Schlupfwespen bewohnt gewesen. Aber diese äußerst werthvolle Unterstützung bei der Bekämpfung reicht nicht aus und die Bäume leiden durch den Schädling sehr oder werden nach kürzerer oder längerer Zeit zum theilweisen oder gänzlichen Absterben gebracht, wenn nicht Mittel zur Vertilgung der Schildläuse zur Anwendung kommen.

In der allerjüngsten Zeit sind durch eine Reihe von Untersuchungen die in Abtheilung II der Denkschrift enthaltenen, damals gültigen Angaben über die in Deutschland einheimischen mit der San José-Schildlaus nächst verwandten Schildläuse theilweise berichtigt worden. Insbesondere hat sich herausgestellt, daß in der, Seite 14—22 unter der Bezeichnung Aspidiotus ostreaeformis behandelten Schildlaus zwei, mit bloßem Auge betrachtet zwar ähnliche, bei genauerer Untersuchung aber typisch verschieden sich erweisende Arten zusammengefaßt sind, nämlich eine gelbe und eine blaß-rothe mit gelbem Hinterleib. Es sind die dort gemachten Angaben daher wie folgt zu korrigiren:

	Aspidiotus perniciosus, Echte San José-Schildlaus.	Aspidiotus ostreaeformis, Gelbe Pseudo-SanJosé-Schildlaus.	Diaspis fallax, Rothe austerförmige Schildlaus.
Schilde	1—2 mm im Durchmesser, schwarzgrau, in der Mitte mit wenig hellerem Buckel.		1—1½ mm im Durchmesser, hellgrau bis schwärzlichgrau, in der Mitte mit braunem Buckel.
Farbe der Weibchen	gelb.	gelb.	rosenroth, mit gelbem Hinterleib.
Anus der Weibchen	Entfernung desselben von der Insertion der Mittellappen des Hinterleibsrandes beträgt cirka:		
	die 1½—2fache Länge der Mittellappen.	die 2—4fache Länge der Mittellappen.	die 4—6fache Länge der Mittellappen.
Vaginalöffnung der Weibchen	in der Mitte des letzten Segmentes, daher vom Anus		
	um die 4—6fache Länge der Mittellappen entfernt.	um die 4—6fache Länge der Mittellappen entfernt.	um die 1malige Länge der Mittellappen entfernt.
	Sie ist jedoch erst nach der letzten Häutung vorhanden.		
Filièrengruppen der Weibchen	stets fehlend.	solange fehlend, als die Vaginalöffnung fehlt, aber mit ihr bei der letzten Häutung erscheinend; dann 4 längliche Gruppen bildend, während die 5. ganz fehlt, oder durch einige einzeln stehende Filièren angedeutet ist.	stets vorhanden bei Gegenwart der Vaginalöffnung, in 5 runden Gruppen um diese angeordnet.
Fortpflanzung	angeblich durch lebende Junge.	scheinbar auch durch lebende Junge, in Wirklichkeit aber ovovivipar, d. h. das bereits vollständig entwickelte junge Thier wird, von einer Eihaut umgeben, abgelegt, letztere platzt jedoch im Moment der Eiablage.	röthlich gefärbte Eier.

	Aspidiotus perniciosus, Echte San José-Schildlaus	Aspidiotus ostreaeformis, Gelbe Pseudo-SanJosé-Schildlaus	Diaspis fallax, Rothe austerförmige Schildlaus
Struktur des Hinterleibsrandes der erwachsenen Weibchen	In der Mitte des Randes befinden sich 1. Zwei Hauptlappen. Sie sind kräftiger als alle übrigen Gebilde, am Ende abgerundet, in der Richtung zu einander konvergirend, auf der den seitlichen Lappen zugekehrten Seite gekerbt und oft auch an der Spitze mit leichter Kerbe versehen. 2. Ein zweites Lappenpaar, welches auf der dem ersten Lappen zugekehrten, sowie auf der entgegengesetzten Seite durch einen deutlichen Körpereinschnitt begrenzt wird. Der Raum zwischen dem ersten und zweiten Lappenpaar ist ein nur geringer. Auf der vom ersten Paar abgewandten Seite befindet sich eine charakteristische Einkerbung. 3. Schwach gezähnte Haarbildungen, von den Amerikanern „plates" genannt, und zwar je 2 zwischen den beiden mittleren, sowie zwischen dem ersten und zweiten Lappenpaar und ferner 3 hinter dem zweiten Lappen am zweiten Körpereinschnitt. 4. Dornenhaare, und zwar je 1 auf der Ober- und Unterseite des ersten und zweiten Lappens, der dritte vor, der vierte hinter den sub 5 erwähnten Körperfortsätzen. 5. Auf jeder Seite des Körpers hinter den sub 3 erwähnten gezähnten Haaren und zwischen dem dritten und vierten Dornhaar 3 Körperfortsätze, die zwar stets vorhanden, jedoch nicht immer gleich deutlich und typisch entwickelt sind. 6. Isolirt liegende, stärker chitinisirte Stellen und zwar je 2 an dem ersten und zweiten Körpereinschnitt.	Mit der „echten" bis auf folgende Unterschiede übereinstimmend: die Mittellappen schwach divergirend. Der ganze Hinterleibsrand gleichmäßiger chitinisirt, so daß gesonderte „schinkenförmige" Verdickungen nicht deutlich hervortreten. Im 2. Einschnitt stehen meistens nur 2 kräftig gefranste „plates". Die „Körperfortsätze" sind an Zahl und Ausbildung meist vermindert.	Zwischen dem ersten und zweiten Lappen befindet sich nur ein kleiner länglicher Chitinverdickung. Die „plates" und „Körperfortsätze" fehlen gänzlich, dagegen befinden sich an dem Rande des Hinterleibes eine ganze Reihe krallenförmig umgebogener Fortsätze und zwischen diesen einige Haare.
Männchen	geflügelt	geflügelt	bisher nur ungeflügelte aufgefunden.
Befall durch Schlupfwespen	oft	sehr häufig	selten.

III. Einfluß der San José-Schildlaus auf die Pflanze, die dadurch verursachten Beschädigungen und Mittel zur Bekämpfung des Insekts.

Die San José-Schildlaus ist laut amerikanischen Berichten bereits auf einer großen Anzahl von Pflanzen lebend gefunden worden.

In erster Linie stehen sämmtliche Obstarten, nämlich Äpfel, Birnen, Quitten, Kirschen, Pflaumen, Aprikosen, Pfirsiche, Mandeln, Himbeeren, Stachelbeeren, Johannisbeeren, Wallnüsse, Pecan-Nüsse (Carya olivaeformis) und Kaki-Pflaumen (Diospyros Kaki).

Aber es gehören dazu auch zahlreiche Nutz- und Ziergehölze; von solchen werden genannt: Linden, Ulmen, Erlen (?), Trauerweide, lorbeerblättrige Weide, Akazien, Evonymus, Weißdorn, Cotoneaster, Rosen, Spiräen, Japanische Quitte, blühende Johannisbeeren, Maclura aurantiaca, sowie verschiedene immergrüne Gewächse (evergreens).

Hiernach ist mit Wahrscheinlichkeit anzunehmen, daß damit die Zahl der möglichen Nährpflanzen noch nicht abgeschlossen ist, sondern daß das Thier gelegentlich auch noch auf andere Gewächse übergeht.

Der Wohnplatz, den das Thier an der Pflanze wählt, sind hauptsächlich die jüngeren Zweige von ein- bis mehrjährigem Alter, die oft dicht von den Schildläusen besetzt sind. Aeltere Theile, an denen Kork und Borke schon zu dick und hart geworden sind, als daß die Thiere sie mit ihren Saugborsten durchdringen könnten, dürften von ihnen gemieden werden. Denn die Ernährung des Thieres erfolgt, wie bei allen Schildläusen, aus den Säften des Pflanzengewebes. Zu diesem Zwecke besitzt dasselbe, wie bereits erwähnt, einen von dem schnabelförmigen Mundtheile ausgehenden sehr langen feinen, in mehrere Borsten auslaufenden Saugrüssel, welcher bis zur zwei- bis dreifachen Länge des ganzen Thieres ausgestreckt werden kann und welchen die Laus, sobald sie sich ständig an einem Punkte der Pflanze festgesetzt hat, tief in das Pflanzengewebe einsenkt. An den Zweigen der Holzpflanzen wird dieser

Saugrüssel durch die ganze Rinde hindurch bis in das Cambium hineingesteckt, wozu seine Länge ihn befähigt. In der Stellung, wie es sich festgesaugt, verbleibt dann das Weibchen bis zur vollen Entwickelung und bis die Jungen unter ihm hervorkriechen. Auch auf den grünen Blättern der Pflanze sollen sich nach amerikanischen Beobachtungen die Läuse festsetzen können. Desgleichen auch auf den Früchten, wie besonders auf Birnen und Äpfeln. Auch an allen diesen Stellen senkt die Laus ihren Saugrüssel durch das Hautgewebe in die inneren saftreichen Partien des Pflanzentheiles ein.

Die Folge der Verwundungen, welche der Saugrüssel mit seinen Borsten an dem Pflanzengewebe macht, und die Folge der andauernden Absaugung von Säften sind krankhafte Störungen des Pflanzengewebes, die in der Hauptsache übereinstimmen mit denjenigen, welche bei starkem Befall durch andere Schildläuse zu beobachten sind. Bei der San José-Laus ist häufig die erste sichtbare Einwirkung an der Pflanze eine Röthung der Zellsäfte in der unmittelbaren Umgebung der verwundeten Stelle. Dies ist besonders an Äpfeln der Fall; es bildet sich ein runder rother Fleck, im Durchmesser bis zu 5 mm, auf dessen Mitte die Schildlaus sitzt. Doch ist diese rothe Fleckenbildung nichts für die San José-Laus Konstantes; bei gewissen Birnensorten fehlt sie vollständig. Auf den Zweigen der Pflanzen wird die Röthung, wenn sie in den Zellen eintritt, durch die dunkle Farbe der Korkhaut verdeckt. Diese Röthung der Zellsäfte tritt bei vielen Pflanzen auch beim Angriff durch andere schädliche Organismen an den befallenen Stellen ein; sie ist als eine Reaktion der Pflanze gegen feindliche Eingriffe zu betrachten. Daß diese Röthung nur bei manchen Pflanzenarten und Varietäten auftritt, bei anderen nicht, hängt damit zusammen, daß dieselben überhaupt leichter oder schwerer den rothen Farbstoff (Anthocyan) in ihren Zellsäften erzeugen.

Die weiteren Folgen des Eingriffes der Schildläuse in das Pflanzengewebe machen sich mehr oder weniger in einer Wachsthumsverminderung an dem befallenen Punkte bemerkbar. Am meisten tritt das an solchen Pflanzentheilen hervor, welche ein starkes Wachsthum zeigen, besonders am Obst, wo bisweilen an jeder von einer Schildlaus besetzten Stelle die Oberfläche eine grübchenförmige Vertiefung bildet, in welcher die Laus sitzt. Reichlich mit Läusen besetzte Früchte können daher ganz verkrüppeln. So stark verunstaltete Früchte werden natürlich in Amerika vom Export ausgeschlossen und kommen nicht zu uns. Eine befallene Birne zeigt Abb. 21. Gewöhnlich sterben die Zellen des von der Schildlaus verwundeten Gewebes nach einiger Zeit ganz ab. Dies hat nun für die von dem Insekt befallenen Zweige die verderblichste Folge. Denn da hier, wie oben erwähnt, die Saugborsten bis in das Cambium eingesenkt werden, so stirbt hier dieses wichtige Gewebe, welches die Lebensfähigkeit und das weitere Dickenwachsthum des Zweiges bedingt, sammt der darüber liegenden Rinde allmählich ab, und damit fällt der ganze Zweig, wenn er einigermaßen reichlich von Schildläusen bedeckt ist, dem Tode und dem Vertrocknen anheim. Diese

Abb. 21.

allgemeine Zweigdürre kann dann den Tod des ganzen Baumes nach sich ziehen. Kleinere Gewächse, wie junge Stecklingspflanzen und Baumschulstämmchen werden natürlich schneller absterben als ältere Bäume, die ev. durch stärkeres Zurückschneiden auf das ältere Holz gerettet werden könnten.

Die Bekämpfungsmittel, soweit solche in Amerika bereits geprüft sind, haben sich gegenüber der kolossalen Vermehrungsfähigkeit der Läuse und bei der Schwierigkeit, die sich der Anwendung dieser Mittel entgegenstellt, ohnmächtig erwiesen, um bereits infizirte Obstplantagen zu säubern, so daß man auch in Amerika den Vorbeugungsmaßregeln, die der Abschluß gegen die Einschleppung gewährt, den Vorzug giebt.

Immerhin würde für uns in Deutschland, falls bereits Infektionen unserer Obstplantagen, Baumschulen ꝛc. mit der San José-Schildlaus sich finden sollten, die Anwendung von Zerstörungsmitteln geboten sein, um die ersten Seuchenherde zu ersticken. Es handelt sich um lauter chemische, auf den thierischen Organismus schädlich wirkende Mittel, welche geprüft worden sind. Der zeitig erhärtende Schild, unter welchem die Thiere sitzen, erschwert aber jedenfalls die Wirkung dieser Mittel mehr als bei andern Insekten, abgesehen davon, daß bei der Wahl derselben auch darauf Rücksicht genommen werden muß, ob die Pflanzen dadurch beschädigt werden. Als Kriterium dafür, ob ein solches Mittel auf die Schildläuse zerstörend wirkt, muß gelten, daß, wenn letzteres der Fall ist, die Schilde und Läuse nach Anwendung des Mittels in Folge Todes abfallen oder leicht sich ablösen.

Die von den Amerikanern empfohlenen Mittel sind folgende:

Sind Pflanzen schon sehr stark befallen, so ist Herausreißen und Verbrennen derselben das einzig richtige Mittel.

Die zur Säuberung befallener Bäume empfohlenen chemischen Mittel bestehen erstens in Bestreichungen, Waschungen oder Bespritzungen. Es wird hervorgehoben, daß dieselben in Kalifornien, wo sie vor Eintritt der Regenperiode, also in der Trockenperiode, vorgenommen werden, wirksamer sind, als im Osten, wo der Regen ihre Wirkung abschwächt. Während in Kalifornien diese Waschungen im Winter erfolgreich sind, vielleicht weil dort keine eigentliche Winterruhe eintritt und deshalb die Schilde weniger resistent sein dürften, sind sie im Osten, wo wirkliche Winterruhe herrscht, im Winter erfolglos; sie werden hier für die Herbstzeit nach Abfall des Laubes und für die Frühlingszeit vor dem Öffnen der Knospen empfohlen:

1. **Kalk-Schwefel-Salz-Brühe.** Sie besteht aus 40 engl. Pfund (= 18 kg) ungelöschtem Kalk, 20 Pfund (= 9 kg) Schwefel, 15 Pfund (= 6,75 kg) Kochsalz und soll wie folgt zubereitet werden. Ein Viertel des Kalkes wird gelöscht und mit dem Schwefel in 20 Quard (= 22,6 l) Wasser 2 bis 3 Stunden lang gekocht; dann wird der Rest des Kalkes gelöscht und nebst dem Kochsalz der heißen ersten Mischung zugesetzt, das ganze Gemisch noch $1/2$ bis 1 Stunde gekocht und dann auf 60 (= 272 l) bez. 80 Gallonen (= 353 l) mit Wasser verdünnt. Die Flüssigkeit ist milchwarm anzuwenden, jedoch nur während der Ruheperiode der Pflanze.

2. Walfischölseife, wovon 2 oder 2½ engl. Pfund (= 900 bis 1250 g) auf 1 Gallone (= 4,5 l) Wasser genommen werden sollen oder auch 1½ Pfund (= 675 g) Walfischölseife und ½ Pfund (= 225 g) gewöhnliche harte Seife auf 2 Gallonen (= 9 l) Wasser. Im Norden während des Herbstes und Frühlings, in anderen Gegenden Amerikas nur im Winter anzuwenden, am besten nachdem die Bäume zurückgeschnitten worden sind.

3. Schwefel=Soda=Brühe, bestehend aus 2 engl. Pfund (= 900 g) Schwefel, 1½ Pfund (= 675 g) Soda oder statt dessen ebensoviel concentr. Ammoniaklauge und 10 Pfund (= 4,5 kg) Walfischölseife. Der Schwefel und die Soda sollen eine Stunde in Wasser gekocht werden; dann wird die Seife in 10 Gall. (= 45,4 l) kochendem Wasser gelöst, beide Mischungen zusammengegossen, eine halbe Stunde gekocht und dann auf 50 Gallonen (= 227 l) Wasser verdünnt. Warm anzuwenden.

4. Verseifte Harzbrühen, hergestellt aus 20 engl. Pfund (= 9 kg) Harz, 5 Pfund (= 2,25 kg) Soda oder 5 Pfund (= 2,25 kg) concentr. Ammoniak oder 3½ Pfund (= 1,575 kg) calcinirte (93 Proc.) Soda, und aus 2½ Pints (= 1,4 l) Fisch= oder Polaröl. Alle drei Substanzen werden in einem Kessel 3 bis 4 Zoll hoch mit Wasser überschichtet und 1 bis 2 Stunden gekocht, dann so viel Wasser zugegossen, daß die Masse starkem schwarzem Kaffee gleicht. Die ganze Masse ist auf 100 Gallonen (= 450 l) mit Wasser zu verdünnen; bei Winterwaschungen kann ⅓ Wasser weniger genommen werden. Man hat auch gerathen, zwei Waschungen vorzunehmen, die erste mit Harzbrühe, die zweite mit Walfischölseife.

5. Petroleum. Das unverdünnte Petroleum soll sich bei Richmond gut bewährt haben, wenn man die Bäume während des Frostwetters mittels Bürste oder Pinsel damit bestreicht und die Bäume noch nicht zu sehr von der Laus gelitten haben. Die Gefährlichkeit des unverdünnten Petroleums für die Pflanze erkennen die Amerikaner an durch die Warnung, es bei zarten Varietäten von Pflaumen und Pfirsich nicht anzuwenden. Zurückschneiden der Bäume hierbei ist zu empfehlen.

6. Petroleum=Emulsion. Die Amerikaner geben folgende Zubereitung derselben an: 5 engl. Pfund (= 2,25 kg) Walfischöl= seife wird in 10 Gall. (= 45,4 l) kochendem Wasser gelöst, dann 5 Gall. (= 22,7 l) Petroleum zugesetzt und mit heißem Wasser auf 50 Gall. (= 227 l) verdünnt. Die Emulsion soll milchwarm zum Waschen oder Bespritzen angewendet werden.

Es darf auch die Krüger'sche Petroleum=Emulsion[1] em=

---

[1] S. Seite 29.

pfohlen werden, da sie sich bei uns zur Vertilgung von Blattläusen und Schildläusen bewährt hat, während die Pflanzen derselben gut Widerstand leisten.

Auch die bekannten Neßler'schen Mittel gegen die Blattläuse dürften der Prüfung werth sein. Dieselben bestehen aus:
1. 40 g Schmierseife, 50 g Amylalkohol, 200 g Spiritus auf 1 l Wasser.
2. 30 g Schmierseife, 2 g Schwefelkalium, 32 g Amylalkohol auf 1 l Wasser.
3. 15 g Schmierseife, 29 g Schwefelkalium auf 1 l Wasser.

In Amerika ist auch empfohlen worden, nach Behandlung der kranken Bäume mit Walfischölseife und Zurückschneiden die Bäume dick mit Kalkmilch zu bestreichen. Der Kalk könne die Läuse nicht vernichten, er verhindere aber, daß sich die jungen Larven der Schildlaus ansetzen.

Eine zweite Art von chemischen Mitteln besteht in Räucherungen und zwar mit Blausäuregas. Die Amerikaner spannen zu diesem Zwecke um den zu behandelnden Baum ein großes gefirnißtes Zelt und entwickeln unter demselben das giftige Gas, wobei natürlich die mit dieser gefährlichen Arbeit betrauten berufsmäßigen Räucherer die größte Vorsicht beobachten müssen wegen der furchtbaren Giftigkeit des Blausäuregases für alle Lebewesen. Das Gas wird bereitet durch Einwirkung von Schwefelsäure auf Cyankali. Man verfährt dabei so, daß man zuerst 1 Unze (= 28 g) Schwefelsäure mit 3 Unzen (= 84 g) Wasser vermischt, und dann 1 Unze (= 28 g) Cyankali (nicht das gewöhnliche 58 proc., sondern das raffinirte 98 proc.) hinzusetzt. Diese Mengen sollen für einen Raum von 150 Kubikfuß genügen. Diese Räucherung soll nicht im Sonnenlichte, am besten Nachts gemacht werden. Um Baumschulartikel so zu behandeln, hat man ein Haus mit zwei Kammern konstruiert; während die eine Kammer gefüllt, beziehentlich geräumt wird, wirkt in der andern das Gas ein.

Es kann nicht zweifelhaft sein, daß diese Methode praktisch nur eine beschränkte Anwendung gestatten wird, auch wenn man ganz von der ungeheuren Gefahr absieht, die damit für die ausführenden Personen verknüpft ist. Der Stand unserer Bäume, Sträucher, Baumschulpflanzen ꝛc. dürfte manchmal eine Abschließung durch ein umzuspannendes Zelt nicht gut zulassen.

In Amerika hat man auch einige natürliche Feinde der San José=Schildlaus kennen gelernt. Ebenso wie viele Insekten von parasitischen Schlupfwespen befallen und getödtet werden, so hat auch die amerikanische Schildlaus solche Parasiten, nämlich Aphelinus fuscipennis How., Aph. mytilaspidis Le B., Aspidiotiphagus citrinus Craw. und Anaphes gracilis How. Dies sind Schlupfwespen, welche dadurch an der Zerstörung von Insekten arbeiten, daß sie ihre Eier in die Leiber derselben einlegen. Auch in Deutschland giebt es viele Schlupfwespenarten, welche diese Lebensweise führen und deshalb Insektenvertilger sind. Ferner giebt es einige amerikanische Arten aus der Abtheilung der als Feinde der Pflanzenläuse überhaupt bekannten Marienkäferchen (Coccinelliden), welche den San José-Läusen nachstellen. Dies ist namentlich Pentilia misella; im Käferzustand soll dies Insekt besonders die erwachsenen Weibchen unter den Schilden hervorholen, während es im Larvenzustande sich mehr an die jungen Thiere halten soll. In Kalifornien werden hierzu noch Chilocorus bivulnerus und andere Marienkäferarten genannt. Es giebt aber auch in Deutschland eine große Anzahl Coccinelliden, welche als Läusevertilger nützlich sind. Auch Pilzbildungen hat man auf kranken und abgestorbenen Thieren der San José-Laus gefunden. Daß aus der Mithülfe eines dieser Feinde ein Erfolg in der Bekämpfung der Schildlaus in Amerika sich ergeben hätte, ist bisher nicht bekannt geworden. Bei uns in Europa dürfte von ihnen noch weniger zu erwarten sein.

Da deutsche Erfahrungen mit den von amerikanischer Seite zur Bekämpfung der San José-Schildlaus empfohlenen Mitteln noch nicht vorliegen, so muß man sich an dieser Stelle auf die Mittheilung von Erfahrungen beschränken, die in der Kgl. Lehranstalt für Obst-, Wein-, und Gartenbau zu Geisenheim a. Rhein mit verschiedenen Flüssigkeiten bei der Vertilgung des nahe verwandten Aspidiotus ostreaeformis gewonnen wurden.

Es wurde ein umfassender Versuch mit der in den letzten Jahren häufig genannten Petroleum-Emulsion durchgeführt. Man löst in 4,5 l Wasser unter Kochen $1/4$ kg schwarze Seife und gießt dann vom Feuer weg 9 l Petroleum hinzu, worauf die Flüssigkeit 10—15 Minuten lang heftig durcheinandergearbeitet wird. Dr. Krüger läßt die Emulsion mit einigen Zusätzen fertig herstellen, so daß sie von Kloenne & Müller in Berlin, Luisenstraße 49, oder von Dr. M. Küstenmacher, Chemische Fabrik in Steglitz b. Berlin, Ahornstraße 10, in Blechflaschen von 10 Pfd. zum Preise von 4 M bezogen werden kann.

Es kamen zur Anwendung bei je zwei Zweigen
1. 20 Theile Wasser und 1 Theil Emulsion
2. 15 = = = 1 =
3. 10 = = = 1 =
4. 5 = = = 1 =
5. reine unvermischte Emulsion.

Die Versuche 1—4 tödteten wohl eine Anzahl Läuse, aber man erzielte mit ihnen keinen vollständigen Erfolg. Dies war dafür bei Versuch 5 mit der reinen Emulsion der Fall; es wurde bei der Untersuchung festgestellt, daß sich sämtliche Schilde losgelöst hatten und keine Schildlaus mehr am Leben war. Die Rinde zeigte nach 9 Monaten keine Spur einer Beschädigung.

Somit wäre in der reinen Petroleum-Emulsion ein allerdings kostspieliges, aber doch wirksames Mittel gegen diesen so gefährlichen Schädling gefunden. Die Flüssigkeit muß, da das Petroleum sich bei längerem Stehen gern wieder vom Wasser trennt, vor jedem Gebrauch tüchtig durcheinandergeschüttelt werden. Man trägt die Emulsion am besten mit einem Pinsel auf, wobei man zu beachten hat, daß man die Knospen unbestrichen läßt. Werden letztere ebenfalls angefeuchtet, so schädigt das die Knospe und ihren Austrieb einigermaßen, wenngleich diese nachtheilige Wirkung nach hiesigen Beobachtungen bald wieder verschwindet. Die günstigste Zeit zur Anwendung wird der Entwickelungsgeschichte des Insektes angemessen der Februar oder der März sein.

Radikal wirkt auch das Bespritzen der befallenen Bäume mit reinem Petroleum. Dasselbe wurde in der Geisenheimer Lehranstalt versuchsweise bei mehreren Bäumen vorgenommen, indem man das Petroleum in eine sogenannte Peronospora-Spritze füllte. Es verstäubte sehr fein und benetzte sämtliche Zweige einer Pyramide in 2—3 Minuten. Freilich sind auch bei diesem Mittel die Kosten nicht gering, da man für einen Baum $2^1/_2$ l Petroleum brauchte, was 50 Pfg. ausmacht; dafür aber ist die Wirkung eine absolute, da wohl keine einzige Schildlaus am Leben blieb. Der Rinde hat das Petroleum augenscheinlich keinen Schaden gethan; inwieweit die Knospen angegriffen worden sind, wird sich demnächst beim Austreiben der Bäume zeigen.

Umfassende Versuche mit Thranseifen und Harzseifen neuer Zusammensetzung sind noch nicht genug vorgeschritten, um hier darüber berichten zu können.

IV. Bisherige Verbreitung der San José-Schildlaus[1]).

Die San José-Schildlaus ist vielleicht das dem Obstbau schädlichste Insekt der Welt. Die „Los Angeles Horticultural Commission" berichtete 1890, daß der Obstbau an der Pacificküste dem Untergange entgegengeht, wenn man es nicht bald gelingt, diese Seuche zu unterdrücken. Ihre Gefährlichkeit hat sich auch im Osten gezeigt und sie ist den Pfirsich- und Birngärten von Maryland, New Jersey und von anderen östlichen und südlichen Staaten vielleicht noch verderblicher gewesen als in Kalifornien und im Westen überhaupt.

Außer in den Vereinigten Staaten ist die San José-Schildlaus auch in Australien, Chile und Hawaii aufgetreten. Maskell glaubt, daß diese Schildlaus aus Japan nach Australien eingeführt worden ist. In Hawaii hat Köbele das Insekt auf der Insel Kauai auf Pflaumen- und Pfirsichbäumen gefunden, welche aus Kalifornien eingeführt worden waren. Auf Ceylon konnte Köbele Aspidiotus perniciosus nicht finden. Er glaubte schließlich auch an die Möglichkeit einer Einschleppung mit japanischen Pflanzen und schrieb deswegen an Otoji Takahashi, einen speziellen Kenner der Schildläuse. Letzterer hat indessen Aspidiotus perniciosus in Japan nicht beobachtet. Auch Köbele konnte bei Gelegenheit einer späteren Reise diese Schildlaus weder in Japan noch in China beobachten. Ebenso wenig hat sich die Annahme bestätigt, daß dieses Insekt aus Chile stamme. Die Ursprungsheimath der San José-Schildlaus ist daher noch zweifelhaft.

Verbreitung der San José-Schildlaus in Kalifornien und im Westen Nordamerikas.

Von dem zuerst bekannt gewordenen Herde im San José-Thale, nach welchem das Insekt benannt worden ist, verbreitete es sich ziemlich schnell. Um 1873 war es eine ernste Seuche an den Orten

---

[1]) Nach U. S. Department of Agriculture. Division of Entomology. Bulletin No. 3 — New Series. The San Jose Scale. By L. O. Howard and C. L. Marlatt. Washington 1896.

seines Auftretens geworden und 1880 wies Comstock bereits auf seine außerordentliche Bedeutung hin, indem er angab, noch nie eine andere Art so zahlreich und so schädlich in gewissen Gärten auftreten gesehen zu haben. Coquillet berichtet, daß diese Schildlaus 1883 sich über San Francisco hinaus ausgebreitet habe, daß sie aber 1886 die bedeutenden Obstbaudistrikte des südlichen Kaliforniens noch nicht erreicht hatte. Sie war verbreitet durch die Staaten Kalifornien, Oregon und Washington und erreichte in den letzten Jahren auch British Columbia. Ostwärts hat sie sich ausgedehnt nach Idaho im Norden und nach Nevada, Arizona und New Mexiko im Süden.

Verbreitung im Osten.

Das Auftreten der San José=Schildlaus wurde im Osten zuerst im August 1893 zu Charlottesville, Va., beobachtet. 1894 fand man dieses Insekt zu Riverside, Charles County, Md., und De Funiak Springs, Fla., ferner in einem weiteren, ziemlich weit ausgedehnten Distrikt in Florida, an einem zweiten Orte in Virginia, an drei Stellen in Maryland, an einem Orte in Indiana, an zwei Orten in Pennsylvanien, an einigen Orten in New Jersey und an einer Stelle im Staate New York in der Nähe von Albany.

Bald nachher entdeckte man Aspidiotus perniciosus auf Long Island, darauf noch an drei neuen Stellen in Maryland und noch später im äußersten Süden von Georgia. Im Dezember 1894 wurde diese Schildlaus im südlichen Ohio und in Jefferson County, Ind., festgestellt. 1895 wurde sie in der Nähe von New Castle, Del., ferner an verschiedenen neuen Orten in den bereits genannten Staaten und auch in Alabama, Louisiana und Massachusetts beobachtet.

Es steht fest, daß die Verbreitung der San José=Schildlaus im Osten hauptsächlich auf zwei große Baumschulen in New Jersey zurückzuführen ist. Von diesen Baumschulen liegt die eine bei Burlington, N. J., und die andere bei Little Silver, N. J., die eine am Delaware River und die andere an der atlantischen Küste. — Außer in den genannten beiden bedeutenden Baumschulen wurde Aspidiotus perniciosus auch in einigen anderen kleineren Handelsgärtnereien des Ostens nachgewiesen.

In neuerer Zeit wurde das gefährliche Insekt auch in den Staaten Texas, Minnesota, Illinois[1], Kentucky[2] und West Vir=

---

[1]) University of Illinois, Agric. Experim. Station. Urbana, April 1897, Bulletin No. 48.
[2]) Kentucky Agric. Experim. Station. Bulletin No. 67. The San Jose-Scale in Kentucky. Lexington, May 1897.

ginia[1]), sowie an mehreren Stellen in den südlichen Obstbaudistrikten von Kanada[2]) beobachtet. Nach einer neueren Mittheilung des Staatsentomologen Johnson sind in der Nähe von Sharpburg (Staat Maryland) in einer Pflanzung von 10 000 Pfirsichbäumen 3000 Bäume von der San José-Schildlaus befallen. In einer anderen Pflanzung von 4300 Bäumen waren sämmtliche Bäume von dem genannten Insekte heimgesucht. Der Staatsentomologe fürchtet, die ausgedehnten Obstbaum-Anlagen des ganzen Staates könnten vernichtet werden, wenn nicht energische Maßregeln gegen die weitere Verbreitung der San José-Schildlaus ergriffen würden.

Wie aus Obigem ersichtlich, ist die San José-Schildlaus bereits in einer größeren Zahl von Staaten in Amerika aufgefunden worden. Es ist auch bekannt, daß sie in nicht wenigen Baumschulen aufgetreten und von mehreren derselben seit einer längeren Reihe von Jahren weit und breit versandt worden ist. Es ist daher unwahrscheinlich, daß alle Punkte, an welchen dieses Insekt sich niedergelassen hat, bereits gefunden worden sind. —

---

[1]) Delaware College Agricult. Experim. Station. Bulletin XXX 1896.
[2]) Report of the select standing Committee on Agriculture and Colonization second session, eighth Parliament 1887. Ottawa 1897, S. 96.

Anhang.

Anordnungen des Auslandes gegen die San José-Schildlaus (namentlich in Amerika).

In den Vereinigten Staaten von Amerika bestehen in einzelnen Staaten Gesetze und Anordnungen, welche den Pflanzenschutz und die Bekämpfung von Pflanzenschädlingen im Allgemeinen betreffen und demgemäß auch gegen die San José-Schildlaus Anwendung finden. Die Gesetzgebung zur Unterdrückung der übertragbaren Pflanzenkrankheiten begann zuerst im Staate Michigan im Jahre 1875 mit einem Gesetze betreffend die Gelbsucht der Pfirsichbäume. Seitdem sind in den folgenden Staaten Gesetze der erwähnten Art erlassen worden, und zwar in:

Kalifornien, Minnesota, Oregon, Washington, Idaho, Kolorado und Kentucky gegen die Verbreitung von Pflanzenkrankheiten im Allgemeinen gerichtete Gesetze; Connecticut, Delaware, Maryland, Pennsylvanien und Virginia, Gesetze gegen die Gelbsucht der Pfirsichbäume; Kentucky, Gesetz gegen die „black knot"-Krankheit der Pflaumen und Kirschen; Michigan, Gesetz gegen die „black knot"-Krankheit der Pflaumen und Kirschen und gegen die Gelbsucht der Pfirsiche; New-Jersey, Gesetz gegen die Ausbreitung von Pilzkrankheiten der Pflanzen; Ohio, Gesetz betreffend die Bekämpfung von Pflanzenkrankheiten, insbesondere auch der San José-Schildlaus; Virginia, Gesetz gegen die Verbreitung der San José-Schildlaus; Missouri, Kansas, Minnesota und Nebraska, Gesetze betreffend die Bekämpfung der Heuschrecken[1]).

---

[1]) U. S. Department of Agriculture. Bulletin No. 11. Legal enactments for the restriction of plant diseases. By Erwin F. Smith. Washington 1896. — Bulletin No. 3. — New Series. The San Jose Scale. By L. O. Howard and C. L. Marlatt. Washington 1896. — Bulletin No. 33. Legislation against injurious insects. By L. O. Howard. Washington 1895. — First annual report of the Entomologist of the State Experiment Station of the University of Minnesota to the Governor for the year 1895. Minneapolis 1896. p. III. — Ohio Agricultural Experiment Station. Bulletin 72. Columbus, Ohio 1896. — First annual report of the State Inspector for the San Jose Scale, 1896—97. Richmond 1897.

Als wichtig für die Bekämpfung der San José-Schildlaus ist aus den genannten Gesetzen im Einzelnen Folgendes zu erwähnen. Das für Kalifornien am 13. März 1883 erlassene Gesetz bestimmt in **Abschnitt 5** unter Anderem:

Um der Ausbreitung ansteckender Krankheiten des Obstes und der Obstbäume vorzubeugen und behufs der Verhütung, Behandlung, Heilung und Unterdrückung von Obstseuchen und Krankheiten des Obstes und der Obstbäume, sowie behufs Desinfektion von Pfropfreisern, von Gartenabfällen, von leeren Obstkisten und von Packmaterial und anderen verdächtigen oder versendbaren Gegenständen, welche den Gärten, dem Obste und den Obstbäumen gefährlich sind, soll das Staats-Gartenbauamt Anordnungen treffen bezüglich der Besichtigung und Desinfektion derselben.

Abschnitt 6

bestimmt die Ernennung eines Obst-Seuchen-Inspektors (inspector of fruit pests). Derselbe hat die Pflicht, die Gartenbau-Distrikte des Staates zu besuchen und die Ausführung der unter Abschnitt 5 genannten Anordnungen zu überwachen. Wird irgendwo eine Obstseuche oder eine ansteckende Obstbaumkrankheit festgestellt, so soll eine solche Oertlichkeit unter die Quarantäne-Maßregeln des Staats-Gartenbauamtes gestellt werden.

Abschnitt 7

bestimmt unter Anderem die Einsetzung von Quarantäne-Aufsehern, welche die Ausführung der vom Gartenbauamte und vom Seuchen-Inspektor angeordneten Maßregeln zu beaufsichtigen haben.

Ein weiteres Gesetz vom 10. März 1885 schreibt vor, daß jeder Eigenthümer, Besitzer oder Nutznießer eines Gartens, einer Baumschule oder eines Stück Landes, welche von Insekten oder ansteckenden Obst- und Obstbaumkrankheiten befallen sind, verpflichtet ist, alle Obstbäume vor ihrer Entfernung, Abgabe oder Versendung zu desinfiziren. Ferner wird eine Desinfektion der Obstversandkisten und des Verpackungsmaterials, unter Umständen eine Vernichtung desselben verlangt. Weiter wird den Eigenthümern oder Nutznießern von Gärten zur Pflicht gemacht, alle durch schädliche Insekten zum Abfallen gebrachten Früchte zu sammeln und zu vernichten.

Ferner hat das kalifornische Staatsamt für Gartenbau am 15. August 1894 eine Verordnung erlassen, welche bestimmt, daß Früchte aller Art, welche im Auslande oder in den Vereinigten Staaten oder Territorien gewachsen und mit schädlichen Insekten oder Pilzen behaftet befunden worden sind, zum Versand, zur Abgabe und zur Verbreitung im Staate nicht zugelassen werden dürfen[1]).

Ein für den Staat Oregon erlassenes Gesetz bestimmt Folgendes[2]):

---

[1]) U. S. Department of Agriculture. Bulletin No. 3. — New Series. The San Jose Scale. By L. O. Howard and C. L. Marlatt. Washington 1896. p. 74.

[2]) Unter Benutzung von No. 31 des Reichsanzeigers vom 4. Februar 1898 nach U. S. Department of Agriculture. Division of Entomology. Bulletin No. 33. Legislation against injurious insects. By L. O. Howard. Washington 1895. p. 23.

Abschnitt 2.

Das Feilhalten, die Abgabe, Vertheilung, das Anpflanzen und der Transport von Früchten aller Art, von Bäumen, Pflanzen, Ablegern, Pfropfreisern, Samen, Kernen, Schößlingen u. s. w., welche im Auslande oder in einem anderen Bundesstaat oder im Staate Oregon aufgezogen und mit Insekten, Pilzen, Mehlthau oder anderen als schädlich für Obst oder Obst- und andere Bäume und als anstecken d bekannten Pflanzenkrankheiten behaftet sind, ist verboten, sofern diese Früchte u. s. w. nicht zuvor in Gemäßheit eines von dem Staats-Gartenbauamt vorgeschriebenen Verfahrens zur Befriedigung eines Mitgliedes dieser Behörde oder eines Obstseuchen-Inspektors desinfizirt worden sind. Wer Früchte, Bäume u. s. w. aus dem Auslande oder einem anderen Bundesstaat empfängt, ist verpflichtet, innerhalb 24 Stunden dem betreffenden Mitgliede des Gartenbauamtes davon Mittheilung zu machen und die Pflanzen an dem Ausladeplatz unter Quarantäne zu halten, bis der Kommissar oder Inspektor festgestellt hat, ob die Früchte u. s. w. frei von übertragbaren Pflanzenkrankheiten sind. Erst dann dürfen die Früchte, Bäume u. s. w. feilgeboten, weitergegeben, weiter versendet oder angepflanzt werden.

Abschnitt 4.

Händler, Schiffer, Transportgesellschaften und deren Vertreter, welche mit Insekten, Pilzen, Mehlthau oder anderen dem Obst, den Obst- oder anderen Bäumen und Pflanzen schädlichen Krankheiten behaftete Früchte, Bäume, Pflanzen u. s. w. verkaufen oder zum Kaufe anbieten, abgeben, vertheilen, zum Anpflanzen oder zur Weiterbeförderung abgeben, oder welche sich weigern oder es unterlassen, die gedachten Früchte, Bäume u. s. w. zu desinfiziren oder zu vernichten, oder welche die Anbringung einer bestimmten, den Namen des Produzenten, Schiffes oder Herkunftsortes enthaltenden Marke unterlassen oder eine falsche Marke anbringen, oder welche die vorgeschriebene Anzeige an den Kommissar unterlassen, sollen wegen Vergehens mit 25 bis 100 Dollars Geldstrafe belegt werden.

Die für den Staat Washington am 16. Februar 1891[1]) bez. 17. März 1897 (s. S. 40), für Idaho am 13. März 1891[2]) und für Kolorado[2]) am 5. April 1893 erlassenen Gesetze enthalten den oben angeführten ähnliche Bestimmungen.

In Virginien[3]) besteht ein Gesetz, betreffend die Ausrottung der San José-Schildlaus und die Verhütung der Ausbreitung derselben vom 5. März 1896.

1. Die General Assembly von Virginia verordnet, daß das Kontrolamt der staatlichen landwirthschaftlichen Versuchsstation ermächtigt und angewiesen wird, unverzüglich behufs Unterdrückung und Ausrottung dieses Insektes in Wirksamkeit zu treten.

2. Das genannte Amt wird hierdurch ermächtigt und aufgefordert, ein Mitglied des wissenschaftlichen Stabes der landwirthschaftlichen Versuchsstation

---

[1]) U. S. Department of Agriculture. Division of Entomology. Bulletin No. 11. Legal enactment for the restriction of plant diseases. By Erwin F. Smith. Washington 1896. p. 37/39.

[2]) A. a. O. Bulletin No. 33. Legislation against injurious insects. By L. O. Howard. Washington 1895.

[3]) First annual report of the State Inspector for the San Jose Scale. 1896—97. Richmond 1897. p. 14/15.

zu bezeichnen, welches als Inspektor nach Maßgabe der Bestimmungen dieses Gesetzes zu wirken hat. Es soll die Aufgabe des genannten Amtes sein, in Übereinstimmung mit diesem Gesetze Verordnungen und Regeln zu erlassen für das Verhalten des genannten Inspektors bei der Ausführung der Bestimmungen dieses Gesetzes. Das genannte Amt kann zeitweise einen Assistenten verwenden, welcher die Aufgabe hat, die Anordnungen des Inspektors in Betreff der befallenen Pflanzen auszuführen.

3. Der Inspektor soll innerhalb der von dem genannten Amte aufgestellten Regeln ermächtigt sein zu bestimmen, welche von den verseuchten Pflanzen einer Heilbehandlung zu unterwerfen und welche zu vernichten sind. Über den Befund soll er unverzüglich schriftlich berichten, indem er davon dem Eigenthümer der verseuchten Pflanzen, seinen Agenten oder Pächtern Mittheilung macht. Eine Abschrift eines jeden solchen Berichtes soll auch dem genannten Amte unterbreitet werden. Einwendungen gegen die Befunde des Inspektors sollen bei dem genannten Amte vorgebracht werden, dessen Entscheidung eine endgültige ist. Die Apellation muß innerhalb drei Tagen eingereicht werden. Bis zu ihrer Entscheidung soll das weitere Vorgehen ausgesetzt werden.

4. Wenn der Inspektor infizirte Pflanzen findet, so muß das von ihm vorgeschriebene Verfahren auf ein Mal unter seiner Aufsicht ausgeführt werden, falls keine Appellation stattgefunden hat. Die Kosten des Materials und der Arbeit sollen vom Eigenthümer getragen werden, unter der Bedingung indessen, daß, falls die Pflanzen vernichtet werden sollen, die Vernichtung durch den Inspektor zu vollziehen ist und die Kosten derselben von dem Eigenthümer getragen werden.

5. Falls eine oder mehrere Personen die Anordnungen des Inspektors oder des genannten Amtes nach stattgehabter Appellation zu vollziehen sich weigern, so soll der Grafschaftsrichter (County judge) auf eine Klage des Inspektors oder eines Eigenthümers hin, diese Person oder Personen auffordern, vor ihm bei der ersten regelmäßigen Tagung des Grafschaftsgerichts (County court) zu erscheinen und bei genügend aufgeklärtem Thatbestande soll die Ausführung des vorgeschriebenen Verfahrens veranlaßt werden und die Kosten desselben, sowie die Gerichtskosten sollen von dem Eigenthümer oder den Eigenthümern der befallenen Pflanzen eingezogen werden.

6. Es soll gesetzwidrig sein, zum Versand anzubieten, zu versenden oder zu transportiren Pflanzen, Pfropfreiser, Bäume, Sträucher oder Reben, von welchen es bekannt ist, daß sie von der San José-Schildlaus befallen sind. Alle Personen, welche dieser Bestimmung zuwiderhandeln, sollen, wenn sie dessen überführt werden, mit einer Geldstrafe von nicht weniger als fünfzig und nicht mehr als ein Hundert Dollars belegt werden.

7. Das genannte Kontrolamt der landwirthschaftlichen Versuchsstation, dessen Agenten oder Beamten werden hierdurch ermächtigt, jedes Grundstück zu betreten und alle Pflanzen zu untersuchen, soweit solches ihnen die Erfüllung ihrer Pflicht vorschreibt.

8. Das genannte Amt soll dem Gouverneur des Staates jährlich Bericht erstatten, unter Angabe der ausgeführten Operationen und der in Ausführung dieses Gesetzes entstandenen Kosten im Einzelnen.

9. Dieses Gesetz tritt mit seiner Annahme in Kraft.

Im Staate Ohio[1]) ist am 18. April 1896 ein Gesetz, betreffend die Bekämpfung verschiedener Pflanzenkrankheiten, insbe-

---

[1]) Ohio Agriculture Experiment Station Bulletin 72. Columbus, Ohio 1896 p. 218 ff.

sondere auch der San José=Schildlaus erlassen worden. Durch dieses Gesetz wurde das frühere ähnliche Gesetz vom 4. April 1894 aufgehoben.

Das neue Gesetz lautet in seinen wesentlichen, hier interessiren= den Bestimmungen wie folgt:

Abschnitt 1.

Das Parlament des Staates Ohio verfügt: Es ist für Jedermann gesetzlich verboten, auf seinen Grundstücken oder auf Grundstücken, welche unter seiner Verwaltung oder Kontrole stehen, sei es als Eigenthümer, Pächter oder in anderer Eigenschaft, Pfirsich=, Mandel=, Aprikosen= oder Apri= kosenpflaumenbäume, welche von der ansteckenden Krankheit, bekannt unter dem Namen Gelbsucht, befallen sind, ferner Kirsch=, Pflaumen= oder Zwetschen= bäume, welche mit der ansteckenden Krankheit, bekannt als „black knot" behaftet sind, bei welcher ein oder mehrere Zweige erkranken, ferner Bäume, welche von der San José=Schildlaus befallen sind, zu halten oder die Unterhaltung zu gestatten, ferner Obst von Bäumen, welche von Gelbsucht befallen sind, zu halten, zu verkaufen oder zum Verkauf feil zu halten, zu Schiff zu versenden oder die Versendung zu Schiff zu gestatten. Sowohl die Bäume als das Obst, welches in der vorherbezeichneten Weise erkrankt ist, sollen als gemeinschädlich der Vernichtung anheimfallen, wie hierunter vorgesehen ist, und es soll jeder, der Obst von Bäumen, welche von einer der bezeichneten Krankheiten befallen sind, besitzt oder in seiner Verwaltung oder unter seiner Aufsicht hat, ferner jeder, der Obstbäume der vorbenannten Art, welche von einer der vorerwähnten Krankheiten befallen sind, unter seiner Verwaltung oder Beaufsichtigung hat, sei es als Eigenthümer, Agent, Pächter oder in anderer Eigenschaft, verpflichtet sein, sofort alle so erkrankten Bäume sowie alles erkrankte Obst durch Verbrennen zu vernichten; wer dagegen Obstbäume, die, wie vorbezeichnet, erkrankt sind, besitzt oder verwaltet, sei es als Agent, Diener, Angestellter, Pächter oder in anderer Eigenschaft, und es unterläßt oder versäumt, alle diese Bäume zu vernichten, und zwar innerhalb 10 Tagen, nachdem er die Anweisung hierzu durch die städtische Obst-Kommission welche hierunter erwähnt wird, erhalten hat, macht sich eines Vergehens schuldig und soll, wenn er überführt wird, mit einer Geldstrafe nicht über 100 Dollars bestraft werden; jedoch soll für den Fall, daß ein Obstbaum von „black knot" befallen wird, das Abschneiden und Vernichten des befallenen Zweiges oder Theiles genügen, und soll der Ausdruck „Vernichten" in dieser Ver= fügung „durch Feuer vernichten" bedeuten. Schließlich soll es genügen die San José=Schildlaus mit wirksamen Insekticiden zu vernichten.

Abschnitt 2.

Es wird ferner bestimmt: Jeder Baumschulenbesitzer, Agent, Händler oder jede andere Person, welche Obstbäume, die mit irgend einer ansteckenden Krankheit behaftet sind, oder von der San José=Schildlaus oder einer anderen Seuche befallen sind, zur Anpflanzung verkauft oder zum Verkauf feil hält, macht sich eines Vergehens schuldig und soll, wenn er überführt ist, mit einer Geldstrafe nicht unter 10 Dollars, jedoch nicht über 100 Dollars bestraft werden.

Sobald irgendwie das Auftreten der Krankheit, bekannt als Pfirsich= Gelbsucht, sowie „black knot" der Pflaumen, Kirschen und Zwetschen fest= gestellt wird, sollen nicht weniger als fünf Landeigenthümer der betreffenden Gemeinde in Ohio ein Gesuch an die Gemeindevertreter richten, daß eine

Gemeinde-Obst-Kommission ernannt werde, und sollen in ihrem Gesuch drei oder mehr am meisten zu dieser Stellung berechtigte und am besten sich eignende Personen der Gemeinde in Vorschlag bringen. Die Gemeindevertreter sollen verpflichtet sein, die Ernennung der Obst-Kommission zu beschleunigen. Sie wählen zwei der fähigsten Landeigenthümer der Gemeinde, welche Obstzüchter und der Gefahr der Verseuchung ihrer Obstbäume ausgesetzt sind, von denen der eine jedoch mit den Eigenthümlichkeiten und der Natur der vorerwähnten Krankheiten vertraut sein muß, welcher dann der Vositzende der Kommission wird. Falls das andere Mitglied der Kommission unerfahren ist, so soll es fleißig darnach streben, mit den zu untersuchenden Krankheiten bekannt zu werden. Wo irgendwie ernste Meinungsverschiedenheiten zwischen den beiden Mitgliedern bezüglich des erkrankten Obstes oder der Bäume auftreten, da soll der Vorsitzende der nächsten Kommission von außerhalb als Rathgeber herangezogen werden von den Gemeindevertretern, und dessen Entscheidung soll endgültig sein. . . .

Abschnitt 4.

Es soll die Pflicht der genannten Obst-Kommission sein, auf Grund einer oder ohne eine Klage sorgfältig die ansteckenden vorerwähnten Obstkrankheiten ausfindig zu machen, zu bekämpfen und auszurotten, desgleichen die San José-Schildlaus oder andere schädliche Seuchen in jedem Theile der Gemeinde während aller Jahreszeiten, wenn die Erkennungszeichen durch jeden von ihnen erkannt werden können. Ferner sollen sie soviel als möglich gemeinschaftlich vorgehen ohne Zögern und die Bäume sowie das Obst, von dem anzunehmen, daß es erkrankt ist, untersuchen und sobald das Vorhandensein einer der vorerwähnten Krankheiten durch die Kommission festgestellt wird, so soll an dem befallenen Baum eine deutlich erkennbare Marke und an dem erkrankten Obst ein Zettel mit dem Vermerk des erkrankten Zustandes desselben angebracht werden. Dann soll die Kommission sogleich veranlassen, daß dem Eigenthümer ein Schreiben zugestellt wird, falls er sich innerhalb des Kreises aufhält. Falls der Eigenthümer nicht im Kreise ansässig ist, so soll das Schreiben dem Verwalter oder Agenten, Angestellten oder Pächter der Bäume (des Obstes) zugestellt werden. Ein solches Schreiben kann persönlich übergeben oder eine Abschrift an dem gewöhnlichen Aufenthaltsort der betr. Person hinterlassen werden, und wenn keine solche Person sich innerhalb des Kreises aufhält, welcher das Schreiben zugestellt werden kann, dann ist dasselbe mit der Post zuzustellen, indem es in einem Postamt niedergelegt wird, postlagernd, addressirt an das Postamt, wo die betr. Person sich aufhält. Ein solches Schreiben soll eine einfache Feststellung der vorgefundenen Thatsachen nebst einer Aufforderung der Kommission enthalten, die bezeichneten und gekennzeichneten Bäume zu beseitigen und durch Verbrennen zu vernichten, und zwar den ganzen Baum nebst Wurzeln und Zweigen, wenn derselbe mit Gelbsucht behaftet ist, ferner die Zweige, welche von „black-knot" befallen sind, und das durch bezügliche Zettel bezeichnete Obst, und zwar innerhalb 10 Tage, vom Tage der Zustellung des Schreibens, Sonntage nicht eingerechnet. Wenn Jemand, dessen Pflicht es hiernach ist, die genannten Gegenstände zu vernichten, es unterläßt oder versäumt oder sich weigert, dieselben auf Aufforderung der Kommission innerhalb des Zeitraumes von 10 Tagen nach Empfang der Aufforderung zu vernichten, dann wird die genannte Kommission hierdurch ermächtigt, jedes Grundstück zu betreten und sämmtliches derartiges Obst sowie solche Bäume, welche als erkrankt befunden und deshalb gekennzeichnet und mit Zetteln versehen sind, zu vernichten, auch wird die Kommission hierdurch ermächtigt, alle Hülfe in

Anspruch zu nehmen und sich alle erforderlichen Mittel zu sichern, um die Vernichtung auszuführen. Die entstehenden Kosten sollen durch die Gemeinde=vertreter bewilligt und aus der Gemeindekasse bezahlt werden.

In Fällen, wo die Kommission gezwungen ist, ihre Anordnungen selbst auszuführen durch Verschulden derjenigen Person, deren Pflicht es war, die=selben auszuführen, sollen die Kosten durch den Eigenthümer der zu vernich=tenden Bäume oder des Obstes getragen werden, und falls er die Zahlung der Kosten und aller Abgaben unterläßt, nachdem die Aufforderung hierzu durch die Gemeindevertreter ergangen ist, sollen die letzteren die Kosten zu=sammen mit einer Geldstrafe von 20 Prozent dem Steuererheber mittheilen und der Eigenthümer auf die doppelte Steuer gebracht werden...

Sollte irgend Jemand mit dem Vorgehen der Obst=Kommission bezüg=lich der Verwerfung seiner Obstbäume oder des erkrankten Obstes nicht zu=frieden sein aus dem Grunde, weil die genannten Bäume oder das Obst nicht krank, sondern gesund sind, so soll er sich schriftlich an die Gemeinde=vertreter wenden, indem er ihnen sein Anliegen unterbreitet. Diese sollen sofort durch den Gemeindesekretär den Fall dem Professor der Ohio=Versuchs=Station mittheilen lassen, welcher ein Sachkundiger ist; dessen Pflicht soll es sein, sofort das Obst oder die Bäume in Augenschein zu nehmen, und seine Entscheidung soll endgültig sein.

Am 17. März 1897 ist für den Staat Washington im An=schluß an ein älteres Gesetz, durch welches ein State Board of Agriculture geschaffen wurde, ein Gesetz zum Schutze des Obst= und Gartenbaues erlassen worden[1]). Dasselbe bestimmt im Abschnitt 1, daß durch den Gouverneur ein Kommissar für Gartenbau ernannt werden soll, und besagt weiterhin:

Abschnitt 10.

Um die Einschleppung und Verbreitung ansteckender Krankheiten, von Obstseuchen, von Sporen und Pilzen unter den Obstbäumen, Pflanzen und andern Baumschulartikeln zu verhindern, ferner zum Schutz und zur Bekämpfung von Baumkrankheiten, sowie um Obstseuchen, Sporen und Pilze auszurotten, soll der Gartenbaubeamte diejenigen Mittel anordnen, welche er für am besten hält; diese Mittel soll er in Form eines Rundschreibens oder Tagesberichtes beschreiben und die Anwendungsformen nebst ergänzenden Anweisungen hin=zufügen, soweit er es für erforderlich hält, und soll dieselben drucken und an die einzelnen Gartenbaugesellschaften und Kreisinspektoren vertheilen lassen.

In diesen Tagesberichten soll er gleichzeitig die Bestimmungen und Vor=schriften bekannt geben, unter denen eine Person, Firma oder Gesellschaft Obst=bäume, Pflanzen oder Baumschulartikel verkaufen, einführen und den Verkauf gestatten darf, und die Strafen anführen, welche durch die Übertretung dieser Bestimmungen verwirkt werden. Ferner soll er Anschlagzettel vorbereiten, welche die genannten Vorschriften und Bestimmungen, sowie die Strafen ent=halten und gleichzeitig mit dem Tagesberichte zur Vertheilung gelangen. Die Kreisinspektoren sind angewiesen diese Anschlagzettel an mindestens drei deutlich sichtbaren Stellen in ihrem Kreise auszuhängen, von denen eine das Rathhaus des Kreises sein muß.

---

[1]) Third biennial report of the State Board of Horticulture of the State of Washington for the years 1895—96. Olympia, Washington 1897. p. 101 ff.

Der Gartenbaubeamte soll alle Meldungen der Kreisinspektoren entgegennehmen und gewissenhaft entscheiden über dieselben und sollen die Entscheidungen volle Kraft und Wirkung behalten, bis sie durch die Gerichte des Staates außer Kraft gesetzt werden. In allen Fällen, in denen seine Entscheidung verlangt wird, soll er technische Erwägungen außer Acht lassen und jeden einzelnen Fall nach seiner Bedeutung entscheiden. Alle Meldungen seitens der Kreisinspektoren an den Gartenbaubeamten haben in der von letzterem vorgeschriebenen Form zu geschehen.

Er soll billigen oder verwerfen alle Bürgschaften, welche nach dem Gesetz ihm vorgelegt werden müssen, und soll alle Bürgschaften und Papiere einheften und sorgfältig aufbewahren, welche nach dem Gesetz ihm auszuhändigen sind. Ferner soll er jedes Obst, alle Arten von Obstbäumen, Sträuchern oder Pflanzen untersuchen, welche ihm zur Untersuchung übergeben werden; das Ergebniß dieser Untersuchung soll er in ein zu diesem Zwecke angelegtes Journal eintragen und eine Abschrift des Urtheils der die Prüfung fordernden Person zuschicken. Von Zeit zu Zeit, wie er es für das Gedeihen der Gartenbau-Industrie des Staates am besten hält, soll er Tagesberichte veröffentlichen und an die verschiedenen Gartenbau-Gesellschaften des Kreises kostenfrei versenden; diese Tagesberichte sollen eine kurze Zusammenfassung der wissenschaftlichen Entdeckungen auf dem Gebiete der Gartenbaukunst oder sonstige Dinge, welche für dieselbe von Bedeutung sind, enthalten; jedoch sollen, wenn nicht besonderer Grund dazu vorliegt, Dinge, welche bereits einmal im Tagesbericht aufgenommen waren, nicht wieder darin erscheinen.

Abschnitt 11.

Die Kreis-Obstbau-Inspektoren, welche kraft dieses Gesetzes ernannt werden, sollen hierdurch befugt und ermächtigt sein, die Bestimmungen dieses Gesetzes zur Verhinderung der Einschleppung und Verbreitung von Obstbaum- und Pflanzenkrankheiten, Ungezieferplagen, Pilzsporen, Eiern und Larven von Insekten, welche die Obstzucht des Kreises oder des Staates schädigen, durchzuführen.

Abschnitt 12.

Es wird den Kreis-Obstbau-Inspektoren hierdurch zur Pflicht gemacht, sobald sie auf Grund persönlicher Beobachtung, von Klagen oder andern glaubwürdigen Mittheilungen Grund zu dem Verdacht haben, daß eine Person oder Gesellschaft einen Obstgarten, oder Baumschulen, Weinpflanzungen oder Gärten, Obstlager oder Obsthandlungen besitzt, welche verseucht sind, oder daß irgend ein anderer Ort oder Waaren verseucht sind, oder Schlupfwinkel bilden von Eiern, Larven oder schädlichen Insekten, welche Obst und Pflanzen gefährden, oder daß irgend welche Bäume, Obst oder Pflanzen von außerhalb des Staates in ihren Kreis eingeführt werden, oder innerhalb ihres Kreises vertrieben werden, welche, wie man meint oder vermuthet, aus verseuchten Gegenden kommen oder für die Obstzucht ihres Kreises gefährlich werden, sofort ohne Verzögerung die verdächtigen Grundstücke, Besitzungen oder Waaren zu untersuchen und, falls dieselben als verseucht befunden werden, den Eigenthümer, Angestellten oder Verwalter durch ein Schreiben anzuweisen (indem sie Art und Weise der Desinfektion vorschreiben) die betreffenden Grundstücke und Besitzungen innerhalb fünf Tagen zu desinfiziren. Falls Jemand, der eine solche Anweisung erhalten hat, derselben nicht nachkommt und es unterläßt, die betreffenden Grundstücke oder Besitzungen in der vorgeschriebenen Zeit und Weise zu desinfiziren, so soll derselbe eines Vergehens für schuldig erachtet werden, und wenn er überführt wird, mit einer Geldstrafe nicht unter 5 Dollars und nicht über 50 Dollars, sowie mit Zahlung der Gerichtskosten bestraft werden. Wenn nach Verlauf der genannten 10 Tage die Desinfektion der betr. Grundstücke und Besitzungen seitens des Eigenthümers oder der zur Desinfektion verpflichteten Person nicht erfolgt ist, so ist der Kreis-Inspektor verpflichtet, um die Verbreitung der Ungezieferplagen oder Seuchen zu verhindern, die betr. Grundstücke zu betreten und zu desinfiziren. Die Kosten solcher Desinfektion sollen als eingetragene Schuld der betr. Grundstücke gelten und von irgend einem Gericht sammt den Gerichtskosten eingetrieben werden.

Abschnitt 13.

Wer Obstbäume, Pflanzen, Sträucher, Obst oder andere Gegenstände, welche von einer das Obst, Obstbäume oder Pflanzen gefährdenden Seuche befallen sind, im Staate einführt, verkauft oder zum Verkaufe feilhält, verschenkt oder vertreibt, macht sich eines Vergehens schuldig und wird, wenn er überführt ist, mit einer Geldstrafe nicht unter 25 Dollars, jedoch nicht über 200 Dollars oder mit Gefängniß nicht unter 60 Tagen und nicht über 1 Jahr bestraft. Ferner wird bestimmt, daß wer wiederholt des vorgenannten Vergehens sich schuldig macht, mit einer Geldstrafe von 100 bis 200 Dollars eventl. einer Gefängnißstrafe nicht über 2 Jahre bestraft werden soll. Wer Bäume, Wurzeln, Pfropfreiser, Setzlinge oder Schößlinge, die mit Ungeziefer-Seuchen, Pilzsporen oder Pilzen behaftet sind, verkauft oder zum Verkauf feil hält, vertheilt oder verschenkt, macht sich eines Vergehens schuldig und soll mit einer Geldstrafe nicht unter 5 Dollars, jedoch nicht über 25 Dollars eventl. Gefängniß nicht unter 10 Tagen und nicht über 30 Tagen bestraft werden. Bei wiederholter Übertretung soll verschärfte Strafe eintreten, jedoch nicht über das oben festgesetzte Höchstmaß hinaus. Baumschulenartikel, Bäume, Sträucher oder Pflanzen, welche von und nach einem Ort innerhalb des Staates verschifft worden sind, zum Zwecke der Vertheilung oder zum Anpflanzen, sind, wenn dieselben mit einem gefahrbringenden Insekt, oder mit Larven und Pilzen behaftet sind, unter der Leitung des Kreisinspektors des betreffenden Kreises zu desinfiziren und sollen die Kosten der Desinfektion dem Eigenthümer solcher Artikel zur Last fallen, indem die betr. Artikel bis zur Bezahlung der Kosten mit Beschlag belegt werden; der Eigenthümer der benannten Artikel dagegen soll gesetzlichen Anspruch auf Wiedererstattung der Kosten nebst Einziehungskosten durch die absendende Partei haben, eventl. die Wiedererstattung auf gerichtlichem Wege erzwingen können. . . . .

Abschnitt 14.

Der Kreis-Obstbau-Inspektor soll zur Ausübung seiner Pflichten als Inspektor an jedem Tage (ausgenommen Sonntags) freien Zutritt haben zu den Obstgärten, Baumschulen, Gärten, Hopfenfeldern, Lagerhäusern, Obstständen und Verkaufsräumen, in denen Obst gehalten wird, ferner zu den Obstkisten, seien sie voll oder leer, oder zu anderen Gegenständen und Räumen, welche unter dem Verdacht stehen, mit schädlichen Insekten oder Seuchen behaftet zu sein. Findet er eine Baumschule, einen Gemüsegarten oder einen anderen Ort oder andere Waare, welche mit schädlichen Insekten oder Pilzen behaftet ist, oder schädliche Larven oder Pilzsporen aufweist, so hat er sofort die Eigenthümer oder Angestellten schriftlich von diesem Befunde zu benachrichtigen und gleichzeitig die Art und Weise der Desinfektion anzuordnen. Falls der Eigenthümer, Inhaber oder Besitzer eines solchen Obstgartens, Lagers, Obststandes oder anderen Raumes, welche verseucht sind, nicht innerhalb 10 Tagen die Desinfektion in der vom Kreis-Inspektor angeordneten Weise vornimmt, oder gegen die Entscheidung des Kreis-Inspektors beim Gartenbau-Beamten Einspruch erhebt, so soll, wenn die verseuchten Grundstücke, Obstgärten oder Baumschulen von Obstbäumen, Obstständen oder Lagerräume sind, und die dazu verpflichteten Personen es versäumt, oder sich geweigert haben, während der vorgeschriebenen Zeit die Desinfektion der verseuchten Grundstücke vorzunehmen, noch Einspruch erhoben haben, der Kreisinspektor diese Grundstücke betreten und alle desinfiziren. Die Kosten dieser Desinfektion sollen bis zur Bezahlung als gesetzlich eingetragene Schuld auf das Eigenthum des Besitzers der desinfizirten Grundstücke gelten und sollen sammt Gerichtskosten in derselben Weise eingetrieben werden, wie andere derartige gesetzliche Forderungen. Falls die verseuchten Gegenstände transportables Material sind, so hat der Kreisinspektor dem Verwalter derselben schriftlich aufzufordern, dieselben innerhalb 24 Stunden zu desinfiziren und ihm die Art der Desinfektion vorzuschreiben. Wenn die für die genannten verseuchten Gegenstände verantwortliche Person versäumt oder verweigert, dieselben in der angeordneten Weise zu desinfiziren, oder es versäumt, Einspruch zu erheben, so soll der Kreis-Inspektor solche verseuchten Waaren, wie Obst, Obstkisten, Obstkörbe, Hüllen und tragbare Obstständen durch Verbrennen vernichten. Wird Einspruch erhoben, so soll der Kreis-Inspektor sofort (nach 24 Stunden) von solchen beweglichen Gegenständen Besitz ergreifen und dieselben sicher aufbewahren, bis auf den Einspruch Entscheidung erfolgt ist. Fällt die Entscheidung des Gartenbau-Beamten zu Gunsten des Einspruchserhebenden aus, so soll ihm sein Eigenthum wieder zugestellt werden, im anderen Falle soll dasselbe durch den Kreis-Inspektor vernichtet werden. Alle Einsprüche gegen die Handlungen und Anordnungen des Kreis-Inspektors sollen an den staatlichen Gartenbau-Beamten gerichtet werden.

Abschnitt 15.

Das unterm 7. März 1891 erlassene Gesetz, betitelt: Verfügung, eine staatliche Gartenbau-Behörde ins Leben zu rufen und die Mittel hierzu zu beschaffen, ferner das unterm 11. März 1895 erlassene Nachtragsgesetz hierzu, sowie alle entgegenstehenden Bestimmungen werden hiermit außer Kraft gesetzt.

Im Staate Kentucky ist am 20. Mai 1897 ein Gesetz erlassen worden, welches im wesentlichen folgendes bestimmt:

Alle Gärtnereien, welche für den Verkauf arbeiten, sollen von dem Entomologen und Botaniker der landwirthschaftlichen Versuchsstation einmal im Jahre untersucht werden. Ergiebt die Untersuchung die Anwesenheit der San José-Schildlaus, so soll der Eigenthümer benachrichtigt und aufgefordert werden, wirksame Vertilgungsmaßregeln zu ergreifen. Der Eigenthümer muß dieser Aufforderung nachkommen. Bringt er für verseucht erklärte Erzeugnisse seiner Gärtnerei in den Verkehr, so soll er für jede derartige Handlung mit einer Geldstrafe von 50 Dollars belegt werden.

Jeder Gärtner und Händler mit Erzeugnissen des Gartenbaues darf dieselben nur dann versenden oder weitergeben, wenn er jeder Sendung ein von ihm unterschriebenes schriftliches Zeugniß darüber beifügt, daß die Sendung und jeder Theil derselben von dem Staatsentomologen untersucht und für frei von dem genannten Schädling oder anderen schädlichen Insekten und Schmarotzern befunden worden ist. Jede Übertretung dieser Anordnung soll mit einer Geldstrafe von 50 Dollars belegt werden.

Sendungen von Bäumen, Weinstöcken, Pflanzen und anderen Erzeugnissen des Gartenbaues dürfen nur dann von außerhalb nach Kentucky geschickt werden, wenn auf der Außenseite der Name des Absenders und Empfängers, eine Angabe über den Inhalt und ein von dem Staats- oder Regierungs-Inspektor unterzeichnetes Zeugnis darüber sich befindet, daß er den Inhalt untersucht und frei von schädlichen Insekten und Schmarotzern gefunden hat. Bei einer den obigen Anforderungen nicht entsprechenden Sendung kann ein gerichtliches Verfahren eingeleitet und die Rücksendung oder Vernichtung der Sendung angeordnet werden. Rücksendung oder Vernichtung der Sendung können dadurch vermieden werden, daß der Empfangs-Berechtigte dieselbe von dem Staats-Entomologen oder von einer durch denselben zu bezeichnenden Person untersuchen läßt und dem Richter dadurch bewiesen wird, daß die Sendung unschädlich ist.

In der Session 1894—95 ist im Staate New-York[1]) ein von dem Staatsentomologen Professor Dr. Lintner verfaßter Gesetzentwurf, betreffend die San José-Schildlaus eingebracht worden, derselbe scheint jedoch bisher nicht zur Verabschiedung gelangt zu sein.

Dieser Gesetzentwurf lautet in Übersetzung:

Abschnitt 1.

Wenn der Staatsentomologe Kenntniß von dem Auftreten der San José-Schildlaus oder Ursache hat, an die Wahrscheinlichkeit ihres Auftretens in irgend welchen Örtlichkeiten im Staate New York, an irgend welchen Bäumen, Pflanzen, Reben oder Früchten zu glauben, so soll er den „Commissioner of Agriculture" davon benachrichtigen, welcher sogleich einen oder mehrere Sachverständige bestimmt, die genügend mit der Schildlaus vertraut sind, um dieselbe erkennen zu können, und welche schleunigst die befallene oder verdächtige Örtlichkeit besichtigen sollen.

Abschnitt 2.

Solch ein Agent soll eine gründliche Besichtigung der genannten Örtlichkeit vornehmen, und wenn daselbst das Auftreten der Schildlaus nachgewiesen wird, so soll derselbe den oder die Eigenthümer des Gartens, der Baumschule oder des Grundstücks, wo das Insekt gefunden worden ist, von dem Vorhandensein des Letzteren benachrichtigen und eine Mittheilung ergehen lassen, welche alle bei dem oder den Eigenthümern ermittelten Thatsachen enthält, zugleich mit einer Verordnung, daß die Betreffenden innerhalb 10 Tagen solche Maßnahmen ergreifen sollen, welche als wirksam zur Zerstörung der Schildlaus und zur Verhütung ihrer weiteren Verbreitung sich bewährt haben und daß damit fortzufahren ist, bis die Ausrottung erfolgt ist.

Abschnitt 3.

Wenn der oder die Eigenthümer sich weigern sollten, den oben angeführten Anordnungen des Agenten zu folgen, so soll der Letztere mit der Ausführung derselben betraut werden und zu diesem Zwecke alle erforderliche Hilfe in Anspruch nehmen. Solche Agenten oder die von ihnen beauftragten Personen sind befugt, alle Grundstücke innerhalb der Stadt zum Zwecke der schleunigen Ausrottung der Schildlaus zu betreten. Solch ein Agent soll auf Grund dieses Gesetzes berechtigt sein zu einer Entschädigung für seine Dienste im Betrage von 5 Dollars für jeden vollen Tag, welchen er in der Erfüllung seiner Pflichten zugebracht hat und für die nothwendigen Ausgaben, welche ihm dabei erwachsen.

---

[1]) A. a. O. Bulletin Nr. 3. — New Series. The San Jose Scale By L. O. Howard and C. L. Marlatt. Washington 1896 p. 73/74.

Abschnitt 4.

Die Summe von 5000 Dollars oder so viel davon, als nothwendig erscheint, wird hiermit von dem Staatsschatze zur Erfüllung der Bestimmungen dieses Gesetzes ausgeworfen.

Abschnitt 5.

Dieses Gesetz soll sofort in Wirksamkeit treten.

Der nationale Kongreß der landwirthschaftlichen Vereine, der Baumschulenbesitzer, der landwirthschaftlichen Versuchsstationen u. s. w., welcher am 5. und 6. März 1897 zu Washington D. C. getagt hat, hat bei den gesetzgebenden Versammlungen der Vereinigten Staaten einen Gesetzvorschlag (Report on National Legislation. A proposed Bill), eingereicht, betreffend die Besichtigung und Behandlung von solchen Bäumen, Pflanzen, Ablegern, Schnittholz, Baumschulpflänzlingen, Pfropfreisern und Früchten, welche in den Vereinigten Staaten eingeführt werden, wie auch von solchen, welche in den Vereinigten Staaten gewachsen sind und welche im innerstaatlichen Handel eine Rolle spielen[1]).

Von demselben Kongresse wurden ferner unter Anderem folgende Vorschläge gemacht:

Jeder Staat soll für eine geeignete Inspektion der Baumschulen und anderer Grundstücke Sorge tragen, behufs Ermittelung der Anwesenheit der San José-Schildlaus oder anderer gefährlicher Insekten oder Pflanzenkrankheiten. In jedem Staate soll für eine geeignete und rechtzeitige Anwendung der bewährtesten Heilmittel oder Vorbeugungsmaßregeln gesorgt werden. — Die Staaten sollen gemeinsam auf den Erlaß eines nationalen Gesetzes hinwirken, welches die Einfuhr der San José-Schildlaus oder anderer gefährlicher Insekten und Pflanzenkrankheiten auf dem Wege des Handels innerhalb der Staaten der Union zu verhindern geeignet ist[2]).

Auch für Britisch-Kolumbien (Kanada) sind 1894 Vorschriften erlassen worden, welche die Bekämpfung ansteckender Pflanzenkrankheiten betreffen[3]). Von besonderem Interesse ist die Bestimmung unter Abschnitt 6, nach welcher in die Provinz eingeführte Früchte oder das zur Verpackung derselben verwendete Material vom Landungsplatz oder der Ankunftsstation nicht eher entfernt

---

[1]) Recommendations as to State and National Legislation relative to insects pests and plant diseases, adopted by the National Convention held at Washington, D. C. March 5. and 6. 1897.

[2]) A. a. O.

[3]) U. S. Departement of Agriculture. Bulletin No. 33. Legislation against injurious insects. By L. O. Howard. Washington 1895 p. 37.

werden dürfen, bis eine amtliche Untersuchung ergeben hat, daß sie von keinem gefährlichen Schädling befallen sind. Ergiebt die Untersuchung, daß die Früchte oder das Verpackungsmaterial mit den Pflanzen gefährlichen Insekten oder Pilzen behaftet sind, so sollen dieselben entweder nach amtlicher Vorschrift vernichtet oder nach dem Ursprungslande zurückgesandt werden.

In der australischen Kolonie Neu=Süd=Wales[1]) ist am 10. Dez. 1897 ein Gesetz angenommen, betreffend eine wirksamere Verhinderung der Verbreitung von Seuchen und Vernichtung von Insekten, Pilzen und anderen schädlichen Seuchen, welche Pflanzen irgend einer Art befallen, sowie die Verhinderung der Einfuhr von solchen Seuchen und Insekten in die Kolonie. Das Gesetz (Vegetation diseases Act 1897) bestimmt im Wesentlichen Folgendes:

1. (I.) Der Gouverneur kann durch Bekanntmachung in der „Gazette" verbieten die Einfuhr oder das Hineinbringen in die Kolonie, oder in einen in der Bekanntmachung besonders bezeichneten Theil derselben, von allen Pflanzen, welche nach der Meinung des Gouverneurs geeignet sind, irgend eine Seuche oder ein Insekt in die genannte Kolonie oder einen Theil derselben einzuführen, und er kann zu jeder Zeit eine solche Bekanntmachung widerrufen. Solch ein Verbot kann entweder ein absolutes sein, oder die Nichtvollziehung einiger, in diesem Gesetze vorgeschriebener Anordnungen betreffen.

(II.) Der Gouverneur kann durch Bekanntmachung in der „Gazette" verbieten, daß in einen Theil dieser Kolonie aus einem anderen, in der Bekanntmachung bezeichneten Theil derselben, irgend welche Pflanzen gebracht werden, welche nach der Meinung des Gouverneurs geeignet sind, irgend welche Seuchen oder Insekten in der Kolonie zu verbreiten, und er kann zu jeder Zeit eine solche Bekanntmachung ändern oder widerrufen.

Solch ein Verbot kann entweder absolut sein, oder die Nichtvollziehung von in diesem Gesetz vorgeschriebenen Anordnungen betreffen.

(III.) Jede Person, welche einführt oder hereinbringt, oder die Einfuhr oder das Hereinbringen in diese Kolonie, oder in einen Theil derselben veranlaßt oder wissentlich erlaubt von irgend welchen Pflanzen in Uebertretung irgend einer, unter diesem Abschnitt gemachten Bekanntmachung, soll wegen Verletzung dieses Gesetzes strafbar sein.

2. (I.) Niemand soll in diese Kolonie irgend welche Insekten oder Pilze einführen, hereinbringen, oder die Einfuhr oder das Hereinbringen derselben veranlassen oder wissentlich erlauben, ausgenommen zu wissenschaftlichen Zwecken und mit Genehmigung des Ministers.

(II.) Alle Insekten, Pilze oder Pflanzen, welche diesem Gesetze oder einer darauf gegründeten Bekanntmachung zuwider in diese Kolonie eingeführt oder hereingebracht sind, oder alle in die genannte Kolonie eingeführten oder hereingebrachten verseuchten Pflanzen und alle Verpackungsmaterialien und Gegenstände, welche enthalten oder verdächtig sind zu enthalten oder enthalten haben irgend welche verseuchten Pflanzen, sollen sogleich von jeder, vom Minister entweder allgemein, oder für den besonderen Fall schriftlich bevollmächtigten

---

[1]) Supplement to the New South Wales Government Gazette. Published by Authority. 1897. No. 1047.

Person mit Beschlag belegt werden können und sollen auf Befehl des Ministers zerstört oder anderweit behandelt werden.

3. Alle vom Minister schriftlich bevollmächtigten Personen können zu jeder Zeit jedes Fahrzeug, jedes Schiff oder jeden Platz, mit oder ohne Assistenten betreten und nach Insekten, Pilzen, verseuchten Pflanzen und Packmaterial suchen, welches Seuchen zu verschleppen geeignet ist, und daselbst zu dem genannten Zwecke so lange verweilen, als es nothwendig erscheint.

Nach Abschnitt 4 kann der Gouverneur unter Anderem für jede Uebertretung Strafen festsetzen, welche für die erste Uebertretung ein Pfund und für die späteren Uebertretungen zehn Pfund nicht überschreiten dürfen.

5. (II.) Wenn jemand schuldig einer Uebertretung dieses Gesetzes befunden wird, für welche keine besondere Strafe vorgesehen ist, so soll er für jeden Fall, in welchem er einer solchen Uebertretung überführt wird, zu einer zwanzig Pfund nicht übersteigenden Strafe verurtheilt werden.

Inhalt.

                                          Seite

Vorwort 3
Beschreibung und Entwickelungsgeschichte der San José-Schildlaus   5—11
Charakteristik der nächsten Verwandten und Unterschiede derselben
    von der San José-Schildlaus . . . . 12—22
Einfluß der San José-Schildlaus auf die Pflanze und die dadurch
    verursachten Beschädigungen . . . . 23—25
Mittel zur Bekämpfung des Insekts . . . . 25—30
Bisherige Verbreitung der San José-Schildlaus . . . . 31—33
Anhang: Gesetzliche Bestimmungen . . . . 34—47

Additional material from *Die San José-Schildlaus*,
ISBN 978-3-662-33656-4, is available at
http://extras.springer.com

Die San José-Schildlaus. Tafel II.

Abb. 1. Weibchen der San José-Schildlaus mit Jungen. Sehr stark vergrößert. Abb. 2 u. 3. Stark und schwach befallener Obstbaumzweig. Nat. Größe. Abb. 4 u. 5. Theile desselben Zweigs, wie Abb. 2, in dreifacher und in zehnfacher Vergrößerung.

Verlag von Julius Springer in Berlin.

MIX
Papier aus verantwortungsvollen Quellen
Paper from responsible sources
FSC® C105338

If you have any concerns about our products,
you can contact us on
ProductSafety@springernature.com

In case Publisher is established outside the EU,
the EU authorized representative is:
**Springer Nature Customer Service Center GmbH
Europaplatz 3, 69115 Heidelberg, Germany**

Printed by Libri Plureos GmbH
in Hamburg, Germany